姚啟勳著

香港金融

錢永銘題

民國二十九年一月初版

香港金融

著作人：姚啟勳

經售處各大書局

實價港幣一元四毫寄費另加

HONGKONG MONEY MARKET

By

KAY F. YIU

謝霖會計師序

姚子著香港金融一書既竟，囑序於余，余曰：書之價值，固不以序文爲高低也。板橋有言：『有些好處，大家看看。』是誠達者之辭，著者應於此一點着眼，序者讀者固亦無不應於此點着眼也。

雖然，余不能已於言者：蓋當今之世，乃一生存競爭之世也；生物學家之言曰：人類生存競爭可類爲二途，一爲個體生存，一爲種族繁衍。然個體之不存，則種族繁衍固無論矣；欲求個體之生存，衣也食也住也行也，在在需要滿足慾望，方足以維護其生存。衣食住行四者之條件惟何？曰經濟。是故質言之，人類生存競爭乃經濟競爭也。

世界經濟重心在以貨幣爲交易媒介之現代，當屬金融市場。香港乃遠東若干金融市場中最重要之一也，亦世界金融市場之一也。且香港乃一自由貿易港，較之保護港之金融市場，其情形自屬不同，且爲複雜，是以研究香港金融，亦較困難。

一地金融之發展，自有其特殊之環境，循此環境之演變，乃成其獨特之性格，倫敦、紐約諸市場之發展，類皆如此，香港亦何莫不然？惟倫敦紐約諸市場之金融，咸有專著研討，其複雜之形態，業已條分縷析，可以洞燭於世人。然而香港市場之形態，則以其發展較晚，鮮有專著紀述，其中林林種種之金融問題，無非由前輩之口，入於後輩之耳，輾轉相沿，徒成口耳之學；是以終數年或數十年之力，周施於金融市場，仍無以窺其全豹者，比比皆是，其可慨也孰甚！今者，得姚子之手，筆之於書，使『大家看看』，上而裨益國家社會之生存，下而滿足家庭個人之慾望，豈徒『有些好處』而已哉！是爲序。

謝霖序於成都正則會計事務所

許性初博士序

香港自闢埠以還，爲期不及百年，因地位之衝要暨英人之善於經營，故成爲遠東最大商港之一。中國因歷史地理上之關係，其視香港，不啻爲整個經濟上之一環。香港之居民，國人佔百份之九十以上，商肆行號，泰半爲國人經營，履斯土者，幾無身居異域之感。惟香港在主權上究爲英領地，其經濟組織自不能與國內盡同；香港有其獨立貨幣單位，有其特殊金融市場，雖蕞爾小島，然而在其金融組織上，無異一獨立邦國，究與國內各大埠情形，顯有不同。商於斯地者，自宜有深切之認識也明矣。

比自抗戰以還，因我國沿海口岸之被鎖，內地貨物運輸，多恃香港爲吐納場所，國人之商於此者，尤呈空前之盛況。故香港今日之經灣地位，其重要程度，殆尤甚乎曩昔。然則香港之金融市場組織如何？金融行情如何？胥爲國人亟應熟知之事實矣！昔者國人研究金融市場，常不免集其目光於津滬，書報雜誌所載者，亦以津滬諸大埠之事實爲多。關於香港金融，雖偶有一鱗半爪可尋，然有系統之著作，殆未嘗見。

姚君啓勳，前就讀於香港，旋在復旦大學專治商科，就學前後，復歷任商場職務，其於金融市場，可謂學聞俱富。茲應環境上之需要，將其平日所搜得香港金融狀況之材料，加以有系統之整理，輯爲香港金融一書，綱舉目張，條理清晰，庶後之研究香港金融者，手此一冊，不致有問津無處之感矣。時值非常，姚君具此毅力，成此至可寶貴之貢獻，故樂爲之序。

中華民國二十八年七月

許性初識於財政評論社

朱博泉先生序

香港扼珠江之喉舌，得歐美風氣最先，蔚為華南惟一商埠。洎前歲淞滬淪陷，國府西遷，我國對外貿易，咸取道於是，而金融事業，亦復風起雲湧，盛極一時，蓋已駸駸然代上海而為我國之重心矣。或謂欲知抗戰來我國金融經濟之實況，要非先諳香港之金融機構不為功，非過論也。顧坊間專篇巨製之以此為研究對象者，猶不數覯。姚君啟勳，曩嘗負笈於滬大商學院，以好學稱於儕輩，近著香港金融一書，殺青有日，蒙先以細目見示，且囑為之序。余既佩姚君之勤學不懈，且喜是書之為現代所亟需，其貢獻於社會，有足多者，故樂弁諸首。至於取材之精審，遣辭之雅馴，則讀是書者自能得之，奚俟余言！

朱博泉序於滬江大學商學院

DECIMAL EQUIVALENTS OF FRACTIONS

1/64	=.015625	33/64	=.515625
1/32	=.03125	17/32	=.53125
3/64	=.046875	35/64	=.546875
1/16	=.0625	9/16	=.5625
5/64	=.078125	37/64	=.578125
3/32	=.09375	19/32	=.59375
7/64	=.109375	39/64	=.609375
1/8	=.125	5/8	=.625
9/64	=.140625	41/64	=.640625
5/32	=.15625	21/32	=.65625
11/64	=.171875	43/64	=.671875
3/16	=.1875	11/16	=.6875
13/64	=.203125	45/64	=.703125
7/32	=.21875	23/32	=.71875
15/64	=.234375	47/64	=.734375
1/4	=.25	3/4	=.75
17/64	=.265625	49/64	=.765625
9/32	=.28125	25/32	=.78125
19/64	=.296875	51/64	=.796875
5/16	=.3125	13/15	=.8125
21/64	=.328125	53/64	=.828125
11/32	=.34375	27/32	=.84375
23/64	=.359375	55/64	=.859375
3/8	=.375	7/8	=.875
25/6	=.390625	57/64	=.890625
13/32	=.40625	29/32	=.90625
27/64	=.421875	59/64	=.921875
7/16	=.4375	15/16	=.9375
29/64	=.453125	61/64	=.953125
15/32	=.46875	31/32	=.96875
31/64	=.484375	63/64	=.984375
1/2	=.5	1	=1.000000

朱斯煌先生序

欲改善一國之金融制度，必先研究一國之金融市場；我國之金融市場，固向以上海爲中心，而其他各重要都市之金融狀況，及其與上海之聯絡，亦未可忽視；尤以香港地位特殊，扼南洋交通之樞紐，爲中外貿易轉口之要港，其與上海所發生金融上之關係，故亦最繁而最密。且我國自戰事發生以來，香港之經濟地位，益覺重要，香港金融市場之研究，更爲當前之急務。國內關於銀行及金融市場之書籍，出版已見不少，而注意於香港之金融者，實未多覯。同學姚君啟勳，昔與我共同研討金融問題，其孜孜好學之忱，素爲同人所欽佩。頃以研究之心得，益以實地考察之所獲，新著香港金融一書，諸凡香港金融市場之沿革、組織、及各種行情等事，提綱挈要，剖析靡遺，洵爲最適合目前需要之佳著。今因姚君問序於我，我嘉姚君之志，且深慶其著作之成功，敬綴數言，聊誌欽慕，並樂爲關心金融問題者作誠摯之介紹焉。

中華民國二十八年八月

朱斯煌序於上海中一信託公司

錢祖齡會計師序

我國金融市場，向以上海爲樞紐，自淞滬撤守，香港金融，遂日趨活躍。關於此點，一般經濟學者，莫不深切注意。姚君啟勳，爰鑒及茲，依據最近實際情形，著爲斯編；書成，乞余爲序，因得閱覽一過，全書雖僅七萬餘言，然于港埠商業發達之原因，金融市場之特徵，當地之幣制，金融市場之組織，以及金融行市之意義等等，並皆闡述無遺，包羅富有，洵足供人參考，用資借鏡。姚君卒業於復旦大學之會計系，嘗受業于余，今覩是編，嘉其能實地考查，且又有志著述也，於是樂而爲之序。

中華民國二十八年十月錢祖齡序於交通部

慎微之先生序

本院同學姚君啟勳，以其近著香港金融見示；立論中肯，內容着實，洵今日之金融傑作也。查我國自八一三事變以還，香港商業，曾一度與春申相消長，此實戰時之特殊轉變，均非戰前所逆料；惟一般人士對港埠之認識，距離所應有之態度尚遠，尤以金融市場爲甚。今姚君獨見及此，以最確切之觀察，最近之事實，最新穎之思想，結晶成文，其效果不啻香港金融一瞥，抑亦香港金融之縮影也。由是香港金融一切之一切，獨姚君之大作．能兼而有之，其貢獻之大，可想而知。凡欲研究港埠金融者，誠不可不一卷在手者也。

慎微之序於滬江大學城中區商學院

二十八年十月

自序

金融爲商業之命脈，輔車相依，關係彌深。香港因地理條件之優良，復以時勢激盪，商務勃興，國際貿易，熙攘靡息。由是不第金融市場之組織，日漸縝密；抑世界金融市場消息之盈虛，亦何時弗與香港金融市場保持密切之關聯？金融界經營其間，對於地方金融市場之大勢及演進，自非稔悉不可。顧香港商業教育，尚嫌落後，金融市場之研究，遂恆爲人所忽視。金融業中人暨商科學生，其能孜孜探求者，固大有人在；然每感晦蒙難明之苦者，猶非少數。不敏有鑒及此，乃摘攟見聞，蒐集成帙，且付鉛槧，以饗讀者，此本書所由輯也。

本書資料，類多仰自零篇斷幅，蒐集維艱。良以香港金融上特有制度，嚮乏專籍記載，可資參證。勳一載以來，從事著述，前後雖經搜集殘簡，訪查習慣，幾至羅掘俱窮，猶懼材料未盡可恃。抑金融市場，錯綜萬千，以動學力有限，管窺蠡測，采摭失周，挂漏孔多，均所難免。深望商界宏達，暨商學研究之士，隨時匡正，則幸甚矣！

書端承國內會計界碩望謝霖會計師，財政評論社社長許性初博士，上海銀行業公會聯合準備委員會主席朱博泉先生，上海中一信託公司信託部主任朱斯煌先生，交通部會計處處長錢祖齡會計師，滬江大學城中區商學院秘書長慎微之先生等各賜鴻序。又蒙我國金融界碩彥錢新之先生簽署書顏，香港周壽臣爵士及李星衢先生惠贈題詞，盛情美意，銘感何既！謹誌數言，用表寸忱！

著　者

香港金融目次

第一編 總論

第二編　香港金融市場組織

第二編　香港金融行情

附錄

香港金融

姚啟勳著

第一編 總論

第一章 香港之沿革

香港為遠東一大商港：位於中國南部，珠江河口之東。地瀕大海，枕山面水，港灣深闊，形勢天然。既當中國西南及中外交通之衝要，復為歐亞非諸洲貿易之門戶。航線縱橫，舟輻雲集，交通發達、商務繁興。益以英人悉心經營，政治安定，並闢為無稅口岸，進出口之貿易，愈見鼎盛，蔚然成為世界十大商港之一，非偶然也。

夷考香港歷史之發軔：香港一島，原隸粵東寶安縣之九龍司。在昔僻處海隅，荒蕪不治，海盜出沒，商旅裹足。然自一八四二年依南京條約割讓於英後，經英人數十年慘淡經營，銳意擘劃，曾幾何時，蔚成鉅埠。英國在遠東之殖民地，香港實開其先河。一八六〇年復依據北京條約，割讓九龍半島，併歸香港管轄；一八九八年再租借新界，以九十九年為期；統稱曰英屬香港。

當十七世紀中葉，英人遠來華南貿易，例須委託葡萄牙人代理其事。時值英國東印度公司方伸展其貿易範圍於華南，遂擬設立分公司於澳門，以利英人。旋當地商人懼其爭奪，羣起反對，原議遂寢。英人為繼續其在華南貿易計，乃改來斯土。其初中外貨物禁例不同，情況隔閡，復以格於清廷規定省垣始許通商之例，糾紛時起。晚清道光年間，兩廣總督為便利英人通商起見，乃劃香港以居英人。至一八四二年八月二十九日，南京條約承認香港屬於英國版圖。該年香港首屆總督砵甸乍爵士（SIR HENRY POTTINGER）始遍張告示，宣佈香港為無稅口岸，准許自由貿易。翌歲英國政府明定香港為分立殖民地，直接隸屬於英國政府，不受印度總督管轄。而香港乃由一荒蕪僻陋之島嶼，演變而成現代商業重鎮；其史幕之展揭，殆自此時始矣。

香港歷史之開端，已如上述。迄至今日，此南徼瀕海之荒島，頓成世界有名之市場。回憶割讓之初，其地山石巖巉，崎嶇斜曲，且以瘴癘為患，喪亡過半。一八四四年香港政府會計官馬田氏（M. MARTIN）乃上書當局，條陳放棄香港之策；惟時次屆總督大偉氏（SIR JOHN F. DAVIS）則未苟同，以為倘經長時間之努力，不難征服天然上與地理上之一切困難，遂不惜費鉅帑，竭力經營，商舶行賈，日見繁盛。於是前之所謂棄土者，頓成雄鎮。吾人遠溯變遷遞嬗之陳迹，益佩英人沉毅堅忍之精神也。

香港金融

第二章　香港商業發達之原因

香港開埠以還，為期未及百年。在昔以荒瘠之地，一轉瞬間，成為遠東之繁盛商港；於是舟船縱橫，商賈雲集，百工戾止，人口激增。究其商業之能臻於發達，不無原由，兹分四端言之：

一、地理之原因

香港為一優良商港。按商港之要素有二：(1)天然港灣之條件。所謂港灣者，乃一天然之安全水灣；其深度水平而等，咸足以容納航輪之進出行駛及避免海上風險也。(2)終點便利之設備。查商港為航程全部或一部之起訖地點；商貨集散其間，故非有相當設備，俾可便利貨物之起卸、儲藏及轉運不可。例如碼頭、貨倉、貨艇、起重機等，即終點便利之設備也。香港所以能成為優良商港，實緣上述二要素，兼而有之。且香港在地勢上，控江海之樞紐，扼華洋之總匯，宜其為東亞之一大市場也。

二、自然之原因

香港氣候溫和，既不太熱，亦不過冷；不太燥，亦不太濕。論交通則四通八達，當中外交通之要衝；交通工具，海陸之外，復有空綫。香港因交通便利之故，貨載平衡，商船載貨至香港卸載，及歸必另載他貨出港。是以貨載雙方保持平衡，船舶往來，日益頻繁。至於便利與世界互通消息之設備，若無線電、長途電話、海底無線電等，亦殊發達。凡此種種，莫不促成商業之發達也。

三、經濟之原因

就經濟性質言，香港為一自由港。現代世界各國中，每有劃一港之全部或一部為自由港區域者，舉凡輸入該自由港之貨物，均不徵收關稅，並可在該港內將貨物改裝轉運或加工製造。自表面觀之，自由港對於貨物入港，免徵關稅，政府歲收，似無利益。實則自由港雖不徵收關稅，然因貿易自由而招致之運費勞銀保險費及其他費用等，為額殊鉅，故尤為商業繁榮之一大因。不獨此也，香港有完備之金融組織，幣制安定，市面復有大量流動資本，堪以輔助工商業之經營。此外附屬事業如修理機器店及利用副產品公司之設立，為數甚多，足以輔助企業之發達。況香港為華南國際貿易之喘夭，符合初創者的推動力（MOMENTUM，OF

EARLY START）之條件。

四、其他原因　香港技術人材，薈萃其間。勞力供給，又極便利。立法完善，市政優良，工潮殊為罕見。他若英人之埋頭苦幹，國人之努力，在在皆為繁榮香港商業之要素也。

第三章　香港金融市場之特點

金融一詞，指貨幣流通之動態而言；所以表示資金在市場上，依供需關係所發生之移轉狀態，及調節作用也。金融市場，簡言之，即為資金借貸，於同一時間內，為同一利率所支配之抽象區域也。金融市場與普通市場有別：前者以資金供需及利率為變化之主體；後者以貨物供需及價格為變化之主體。二者之主體，蓋截然互異者也。

香港商業發達之原因，已如上章所述。按金融與商業，有唇齒相依之關係：金融界以供給及調節市場上資金為職務；而商界則以使用資金，生產及懋遷貨物為職務。一埠商業之盛衰，全視該埠金融之活動與否；一埠金融之盛衰，又全視該埠商業之活動與否。香港以商業繁盛之故，金融市場之發達，自毋待言。惟香港金融市場環境特殊，特點頗多，茲略陳之如次：

一、香港幣制之健全　幣制為金融市場之一大要素。幣制之優良與否，關係一金融市場之健弱，至深且鉅。香港金融市場，有統一之幣制。自一九一三年以來，貨幣發行制度，有法律作軌範，準備成數，既經劃一規定；發行數額，又有具體之限制。且其幣制在英人管理之下，以英人理財經驗之豐富，措施之得當，故港幣對各國匯兌之升降，較為安定。

二、香港金融組織之系統化

香港金融市場，具備有系統、有條理、有組織之制度。匯豐銀行為香港各銀行之銀行（BANK OF BANKS），不僅管理地方政府暨各銀行之存款，且有控制全港利率之能力。故在平時，既有措置裕如之效；即遇意外，又有通盤籌畫，謀最後救濟之方。匯豐銀行以次為其他外商銀行，華商銀行，又次為銀號，找換店。此外更有金銀貿易場，票據交換所，股份交易所等等。以此完備之金融制度，匯豐銀行之力量，遂可控制全局，從中調節。是以雖自一九二九年美國股份公債市場大恐慌發生，迄至一九三一年英國之放棄金本位制為止，香港金融，尚未聞有極劣影響。由是益見香港金融市場基礎之穩健也。

三、香港金融之地方性

一商埠之金融市場，莫不有金融中心。香港

金融市場之金融中心爲雪廠街（ICE HOUSE STREET），一若倫敦之以隆勃街（LOMBARD STREET）爲金融中心，紐約之以華爾街（WALL STREET）爲金融中心然。蓋雪廠街之附近，皆爲金融勢力集中之所在。香港金融市場中，華商所辦之銀行及銀號，爲數雖多；然控制全局之大權，悉在三數殖民地大銀行若匯豐、有利、渣打三銀行之掌握中。此三英商銀行，不僅享有紙幣發行權及其他各種特權，且吸收進出口貿易之金融及各種存款。國人存款於外商銀行者，數額尤爲驚人，亟堪注意。就力量言，三大銀行之中，當推匯豐銀行最爲雄厚，顯然居香港金融界之領袖地位。故市場利率之高低，每以匯豐銀行利率之高低是隨。

四、香港金融之國際性

香港金融之國際地位，殊爲重要。良以香港爲一自由商港，又係華南匯兌之中心、國際貿易之轉口港。其與中外貿易之關係，至爲密切，每歲對外貿易總額，恆在港幣十萬萬元之譜。故以港幣作貿易上支付之工具者，爲量甚鉅。且華南一帶，信仰港幣頗深，港幣流通地域亦廣，愈知香港金融在國際上尤其在華南方面勢力之雄厚。不惟此也，香港金融市場若金市、銀市、外匯市、股份市等之變動，每隨國際間政治經濟之變動而轉移。復因香港貨幣為『英鎊集團』（STERLING BLOC）之一，與英鎊發生密切之聯繫，故英國國政或金融一有變動，香港金融立蒙影響，足徵香港金融與國際關係之深也。

第四章　香港之幣制

貨幣之功用有二：一為交易之媒介，二為交易之標準；故欲謀一地交易之發達，必有安定之幣制。香港幣制，幾經變遷遞嬗，其克臻於今日完備之制度，不無淵源。茲就香港幣制之演進，簡述於後：

一、香港幣制之過去

香港過去幣制，原甚複雜，方香港始闢為商港時，當局於一八四二年公佈貨幣條例，規定舉凡西班牙之銀洋，墨西哥之鷹洋，東印度公司所發行之盧布，英國之通貨、及中國之銀錠制錢等，皆可一體流通市面。日後當局鑒於幣制過雜，流弊滋甚，乃於一八四四年改以英國銀元為法定支付工具。惜其時社會積習難返，舊日通行市面之貨幣，沿用如昔。一八八六年英政府設造幣廠於香港，鑄造英國銀元，並擬澈底驅逐流通港地之雜幣，結果亦難收效。該廠成立僅及二載，卒告閉歇。一八九三年，當局復有相同之嘗試，亦不幸失敗。一八九五年重張旗鼓，改託印度造幣廠鑄造一種英國銀元，即俗所稱香港銀元；是項貨幣，流通於香港新嘉坡各地，甚至中國南北各部，亦有蹤跡。一九一三年間，香港政府頒佈禁止外國貨幣流通之條例，嗣後香港貨幣始漸劃一；並以港元為貨幣單位，採十進位，即十仙為一毫，十毫為一元。港元之成色為千份之九百，重量為四一五・八五喱，含純銀三百七十四又五分之一喱。此外復有各種銀質輔幣：半圓輔幣成色千份之八百，重量二〇九・五二喱。貳毫輔幣成色千份之八百，重量八三・八一喱。一毫輔幣重量為四一・九〇喱。五仙輔幣重量為二〇・九五喱。成色均為千份之八百。以上各端，皆過去香港幣制之大要也。

二、香港幣制之革新

香港貨幣，原採銀本位制。迨至一九三五年十一月九日，始宣告廢棄。論其背景，則緣我國受美國收買白銀政策之影響，突然於同年十一月四日頒佈通貨條例，規定白銀收歸國有，實行法幣政策，政令所播，舉國景從。香港地接中國，與中國發生經濟關係，至為密切。故自中國貨幣改革後，香港遂於上述日期召開定例局（即立法局）特別會議，通過管理貨幣條例，禁止白銀流通，改用紙幣本位。除以每安士純銀一元二毫八仙之價格收買市面白銀外，並限制攜帶二元以上之香港銀質硬幣出口。政府更授權與庫務司，發行一元法幣，及一毫與五仙兩種鎳幣。鎳幣法定重量，前者為二．九五一喱；後者為一．二九五喱。庫務司並設一法幣保證準備金，用以收回各種銀幣之需，是則香港政府所發行之一元紙幣，並非欲代替三大銀行之紙幣，僅以代替硬幣；且非欲永遠發行，不外為一種應急之策，藉以維持小額面值貨幣之供給，以免通貨驟然緊縮，致有動搖社會金融之虞。一九三五年十二月五日，定例局復通過貨幣條例一項，制定管理匯率，統制通用貨幣，暨限制居民窖藏白銀事宜。故不惟一面積極推進管理貨幣政策，一面猶努力於安定港幣對外匯率。並成立外匯基金，委託本港銀行界組織外匯基金委員會，負責穩定外匯。港幣對英幣之匯兌平價（PARITY），約為每港幣一元合英幣一司令三便士（根據一九三九年份之HONGKONG DOLLAR DIRECTORY）。又查香港硬質一元銀圓，早已全數收回；惟一毫及五仙銀質輔幣，因流通較廣，且多流入我國內地，一時未易悉數收回。一九三九年春以來，港政府為劃一幣制起見，除發行大量鎳質新輔幣外，對於收回是項銀質輔幣，進行甚為積極。即初期發行之一毫鎳質輔幣，亦同時收回，因其質地並非純鎳，歹徒易於偽造故也。

三、香港貨幣發行之近狀

香港有發行紙幣權之銀行，計有匯豐、渣打、有利三銀行。渣打銀行之取得發行特權，早在一八五三年間。匯豐銀行於一八六六年取得發行權。有利銀行再於一九一一年自政府得獲發行權。三大銀行之紙幣發行權，原於一九三九年七月十二日滿期。政府當局擬就新法案，交定例局通過，准予延長發行權期限一年，且授權定例局，隨時決定延長各該銀行之紙幣發行權期限；但延長期限，不得超過十二個月。香港現行紙幣種類：分一元、五元、十元、五十元、一百元、及五百元數種。至於發行數量，據最近香港政府輔政司署報告，本港三大銀行在一九三九年八月份之紙幣流通額如次：渣打銀行，二千三百六十三萬二千八百十四元。匯豐銀行，一萬九千五百十九萬二千二百二十八元。有利銀行，四百五十四萬二千一百八十一元。合共二萬二千三百三十六萬七千二百二十三元。前此流通市面之紙幣，原以上述三大銀行所發行者為限；但自一九三五年十一月九日宣告放棄銀本位制後，除此三大銀行紙幣照常流通外，並由香港政府發行一元價值之法幣，與一毫及五仙之鎳幣矣。

香港金融

第五章 香港金融業法律概要

現代經濟社會之組織，日形複雜；設乏法律以繩此複雜之經濟關係，則權利義務，何由分明？他若法律之保障，社會秩序之安定，亦將何從維持？此現代商人所以日漸注重法律者也。香港為英國屬地，立法既與我國不同，復與其他各國有別。故業金融者，其愈應明瞭香港法律也明矣。

香港金融業組織，以其性質而分，計有合夥組織，公司組織；當局均立法以明其權義。舍此之外，金銀找換店亦須受法律之限制。茲舉各種組織之法律要點，略述於次：

一、合夥組織之法律

合夥係二人以上互約出資以經營共同事業之契約。香港當軸，嘗訂定華人合夥組織條例，專以適用於華人任何合夥營業。註册事項，係由華民政務司管轄。金銀業之合夥組織，可採此條例為根據，當非例外。該條例之要旨，計有數端：

（甲）註册章程上須有下列各項：（1）合夥商店之名稱，地點，及營業種類。(2)合夥人及紅股合夥人之姓名及其住所。(3)成立年月日。(4)資本額。(5)各合夥人投資額，認資額，出資是否為金錢或他物或勞務？繳交資本之方法與期限。(6)合夥人及紅股合夥人所占之利益。

(乙)合夥人權利義務之規定：(1)自權利方面言：每歲決算，設有盈利，除提出一部份以派官利外，餘款由各合夥人依出資額之多寡比例分爭。至於占紅股之合夥人，則不得再享受官利分派之權利。良以紅股之取得，係由於勞務或特別原因，而不由於金錢者也。(2)自義務方面言：合夥事業之債務，按照各合夥人出資額之比例定之。其未經註冊之合夥人，須負該合夥事業債務上之無限責任。

(丙)合夥組織註冊費：(1)凡資本在一萬元以內者，每五百元資本納費一元，零數在五百元以下者，亦以五百元計算納費。(2)凡資本在二萬五千元以內者，其中一萬元照上項規定納費，其餘之一萬五千元以內之資本，則每千元資本納費一元。零數未滿一千元者，亦照一千元計算納費。（3）凡資本在二萬五千元以上者，其中二萬五千元照上項規定納費，其餘超過二萬五千元部份，每千元資本納費五毫。零數未滿一千元者，亦以一千元計算納費。

二、公司組織之法律

公司者，乃由多人集合資本，繼續經營商業，而分任其損益之社團法人也。香港公司註冊條例，規定凡有二十人以上之企業組織，例須註冊。公司註册手續，遵照一九一一年香港公司條例。該例先後於一九二五年，一九二八年，一九三〇年修訂，蔚為大成。按公司組織。就其責任之不同而分，可釐為無限公司組織及有限公司組織。無限公司異於有限公司之唯一特點，即前者股東之償債義務，負有無限之責任；而有限公司之情形適反是。香港公司條例之內容，以法定創立會及股東全體大會為最高機關。董事會則為公司之執行主腦。茲略述條例中之要點於次：

（1）創立時報表之編製事項：一、公司組織大綱及章程，均須發給股東；公司並應將股東姓名．一一開列於股東名冊內，以便審查。法庭於必要時且有權糾正股東名冊。二、關於股東之股本資產及負債等情形，每年須造具報告書，詳細呈報政府公司註冊官署。三、收足股本後之六星期內，須造具報冊，表示股東及股本若干。若所收股本，並非現金者，則應將各種有關之契約存案。

(2)創立後報表編製及其他呈報事項：一、資本額及股東名額增加時，須呈報政府公司註冊官署。股份之合併、或增減資本、暨換給新股票者亦然。二、經營銀業或保險事業之公司，每年須照法定格式，將營業說明書刊佈，否則處罰。三、公司每年須將董事名單送呈公司註冊官署；倘董事會有任何更變之事項，亦須一併呈報。

(3)事務所及名稱事項：公司應有註冊之事務所；其營業所門前，以及公司圖記單據等，須以公司名稱標出。

(4)責任事項：凡股東名額減少至七名以下，且又營業已逾六個月之之者，各該股東等，對債務須負無限之責任。

(5)集會事項：一、自公司開始營業之日起，一閱月後或三個月內，發起人須召集法定創立會。二、每年須召集常年全體股東大會一次。三、凡足法定人數請求召集全體股東臨時大會時，須照公司章程之規定召集之。

(6)議案及會賬事項：一、所有特別會議或額外會議之議決事項，須一律列印存案。董事對於任何議案，亦須記載於議決錄中。二、董事對於一切賬目，務宜週密管理。股東並得請求法院遴派會計師或查賬員（即核數員）檢查賬目；而會計師或查賬員之選任，亦得以股東特別會議決定之。三、凡屬銀業公司之賬簿，須照章程規定每年稽核一次。

(7)解散及清算事項：一、公司得因股東會之決議自動解散，執行清算。二、公司之債權人，得根據法律規定，請求法院將公司解散，清算一切。

（8）經營放款之事項：凡經營放款業務者，須照一九一一年貸款人條例之規定。註冊手續，亦照該條例辦理。

以上各則，係一九一一年至一九三〇年香港公司條例之要點。凡依該條例註冊之公司所應有之權利義務，蓋已盡其大端矣。

三、金銀找換店之法律

香港金銀找換店，例須向中央警署領得牌照，始許營業。牌照費用，其在香港及九龍設店者，每歲須納一百元。在新界營業者，年僅納費二十五元。港政府對於找換店，並有數點限制：（1）領牌人須懸掛寫有中英文金銀找換店之招牌。（2）未得警察司批准，領牌人不得在牌照所指定地點以外之處所居住。（3）店位搬遷，須經警察司將其牌照批准。（4）領牌人須在自己店內營業。（5）未得警察司批准，牌照不得轉讓他人。（6）每日上午六時以前下午八時以後，如未經警察司特許，不得營業。（7）牌照須常存店內，必要時須隨時呈出檢驗。（8）領牌人如違法時，警察司有權通知領牌人於一個月後將牌照吊銷。

考香港當局管理金銀找換店之立法要義，實緣金銀找換業務，一旦失諸過寬，不惟有涉及鼓勵擾亂金融之嫌疑，且與地方秩序有關。至於營業時間，法律上限制晚上八時以後，不得營業，細究其故，蓋有一段歷史在焉。事緣一八七〇年至一八八〇年之間，中環海旁某銀號，一日收得法國匯款十三萬元，詎為寶安縣强盜偵知，當夕九時許，糾集黨徒四五十人，先刼某過海小輪，乘之來港，登岸後首先毀滅鄰近街燈，並派黨狙伏暗陬。以堵援師。警察不知其計，貿然前進追捕，以致受創。是役喪命者華警印警凡十餘名，當局遂調英兵協剿。比英兵至，盜蹤已杳。店主檢點銀物，則僅失外櫃所存現款千餘元。匯款置於保險鐵箱內，幸無所失。但死傷遍地，鮮血成渠，斯為慘矣。自此空前大血案發生後，當局頗具戒心，亟力提防。是故法律上對金銀找換店營業時間，加以限制，未始不無淵源者也。

第六章　香港金融界習語解釋

香港金銀業中，習語頗多。是項習語，除有若干為普通商人所常聞者外，尚有一部份習語，並非業外中人所易了了者。各種習語，往往費解。特以沿用既久，革易殊艱。茲就見聞所及，舉其重要習語若干，略加解釋：

(1)**「地沙」**　此為香港銀號習語之一。「地沙」為紅利及薪金以外之所得，有「聚沙成塔」之蓄義。港中銀號之「地沙」來源，即就放款及存款之利息中，或外埠委託收支款項之佣金中，扣出一部份，作為辦事人之額外利得，並誌入「地沙」之賬。待至舊歷年杪，由全體辦事人分享，合夥人或股東並不染指也。

(2)**「老本息」**　此亦為銀號之習語。「老本息」即官利。所謂「老本」，指原有之出資額而言。故「老本息」者，亦即每屆事務年度終了時，按照出資額比例所分配之利息也。

（3）『**炒家**』，『**炒**』 『炒家』即投機家。『炒』為一動詞，即投機之謂。大凡金融市場之市價變動愈劇，漲落愈甚，則其與投機事業，亦愈相宜。蓋『炒家』之唯一目的，即謀於市價漲落變動間，從中取利者也。

（4）『**大戶**』 是語常能於港中各日報經濟新聞欄見之：表示大量吸進或大量放出之交易者；並有整幫買賣之意也。『大戶』一語，又指有『入行』（已加入貿易場為會員）者之買賣也。

（5）『**散家**』 『散家』乙詞，係『大戶』之相對名稱；即金融市場間之零星交易者，或未『入行』者之買賣，而與『大戶』鉅量交易有別也。

（6）『**好友**』，『**看好**』，『**好價**』 凡對於交易之目的物，望其漲價，而於其價格未上漲時，即預先買進，以俟日後價漲時賣出，俾於其間獲得差額之利益，此派積極人物，香港金融界中，稱之曰『好友』。若預料將來價格必漲，俗謂之『看好』。市價之步步向榮者，則曰『好價』。

(7)『**淡友**』，『**看淡**』、『**淡價**』　『好友』之相對名稱曰『淡友』。換言之，『淡友』之意義，恰與『好友』相反。若對於交易之目的物，冀其價格下跌，於現在尚未跌價時售出，俾免日後損失加重，是派人物，俗以『淡友』名之；言其對於現在市情十分消極也。其預測日後價格必落之態度，習語謂之『看淡』。市價下跌時，稱爲『淡價』。

(8)『**買空**』，『**賣空**』、『**拋空**』　交易之目的物，有時不必爲現貨；祇須爲空之買賣。購進空之目的物，是曰『買空』。售出空之目的物，是曰『賣空』，又曰『拋空』。

(9)『**現貨**』，『**期貨**』，『**花貨**』　交易之目的物，係現在立即有貨可資買賣者，謂之『現貨』。其現在無貨，將來始有貨可資交易，並須預約之目的物，則謂之『期貨』或『花貨』。『花貨』云者，寓意於開花結果乙語也。

(10)『**近期**』，『**遠期**』　定期之交易目的物，以時間之久暫言，可別爲

『近期』及『遠期』二類。買賣價格，『遠期』者在交易時大抵較『近期』者為相宜。

（11）**『鬆』，『縮』，『漲』，『跌』**　香港外匯市中，每以外匯之『鬆』、『縮』、『漲』、『跌』等語、表示匯價之變動。苟因港幣之提高，則以港幣為標準之匯價，亦隨之而上漲。例如港幣一元本可折合英幣一司令三便士者，今則可折合一司令三便士半；亦即同量之一元港幣，可以多換外幣，故可謂為外匯『漲』、『鬆』，意即匯價之步昇也。反之，匯價下跌，即例如前之匯價港幣一元原可折合英幣一司令三便士者，今僅能折合一司令二便士半，於是所得之外幣減少，故謂之外匯『縮』、『跌』者也。

（12）**『企市』，『牛皮市』**　市情之堅穩呆滯，價格不昇亦不落者，謂曰『企市』或『牛皮市』。『企市』云者，市價穩固企立不動也。『牛皮市』則形容市情缺乏價格伸縮性，一若牛皮之堅硬然也。

（13）**『掛牌』**　金融市場中所『掛牌』之行情，即該金融市場之標準行情。一切交易之價格，悉以此掛牌行情為根據。惟事實上因供需之關係，交易之價格，通常恆與「掛牌」行情微有出入耳。

(14)「**入倉**」，「**出倉**」，「**埋倉**」，「**關倉**」 凡銀行業之收進現銀，存儲於銀庫中，簡稱曰「入倉」。銀行應解現款，須由銀庫中提出，謂之「出倉」。「倉」既係指銀庫而言，故銀庫之現款當日業已在會計上清結，適時即不得有現款之支付者，謂之「埋倉」。如逢銀行休息之期間內，則曰「關倉」。

(15)「**公盤**」 公盤為團體所決定之價。團體對於會員具有相當之統制力，「公盤」決定之後，會員須一律遵行。「公盤」之實行於金融市場中者，若香港金銀業貿易場是也。

(16)「**開盤**」，「**成盤**」，「**按盤**」 開市時市價，謂之「開盤」。「開盤」後買賣目的物所成交之價，謂曰「成盤」。如「開盤」後仍無「成盤」，但照市場供需多寡，暫定一價格在焉，是曰「按盤」。

(17)「**雜電**」 是習語中之「電」字，即指電匯而言。「雜」字在此處即係零星之意。故『雜電』乃數額零星之電匯也。

(18)『單』 每一宗之交易，俗謂之為一『單』。例如本日購買新嘉坡電匯一宗，計一萬元。即稱之為購叻電一『單』也。

(19)『辦房』，『辦佣』 按『買辦』制度，起自中國最初與各國通商時代。『買辦』(COMPRADORE) 乙詞之字源，有謂出自西班牙語(COMPRAR) 乙字，即『買』(TO BUY) 之意。一說謂係出自葡萄牙語之『售貨人』乙字者。外商銀行與華人貿易，因商業習慣、方言、及華人之資產信用等，難以調查，諸多不便，故僱用華人為買辦。買辦對於本行與華商往來之款項事項，負有責任。外商銀行買辦之辦事處，謂之曰『辦房』。『買辦』因辦理華商之外匯等交易時而獲得之佣金，通稱之為『辦佣』。

(20)『告羅士』 按『告羅士』(CROSS) 為外來語，原意即『套匯』或『套頭』，指英美匯兌而言。英美匯兌，即倫敦及紐約間之匯兌。誠以倫敦與紐約，為世界兩大金融中心；故國際匯市中對於此二地之匯兌，皆極重視。職是之故，『告羅士』係指三國間其餘二國之匯價，而本港匯市中所稱之『告羅士』，即指英美匯兌而言者也。

以上各種習語，係香港金融界中人所慣用而較普遍者。其他習語，為數尚多，雖欲盡陳，然以過於繁瑣，殊未遑一一列舉也。

第二編 香港金融市場組織

第一章 概說

香港以遠東大商港聞名於世，司歐亞非諸洲吐納之總匯，當中外交通之樞紐。輪軌四達，商賈輻輳，馳騁計贏，貨物懋遷，商業之盛，可與上海相伯仲。夫商業之與金融，駏蛩相依，關係至切；以香港貿易之發達，且其金融市場之組織，亦隨之而愈臻繁密，自然之理也。

現代經濟學者，多謂金融市場組織，包括貨幣市場及資本市場。前者含有短期資金市場（SHORT-TERM MONEY MARKET）之義，後者係指長期資金市場（LONG-TERM MONEY MARKET）而言。代表前者為一般銀號、銀行、貿易場、票據交換所等。代表後者，則為股份市場。全港金融市場資金之供需，暨金融之調節，大致集中於斯二類市場也者。

香港因貿易範圍之廣汎，商業之繁盛，所有現代化之金融市場組織，頗為完備。銀號向以辦理內地各鄉匯款，小規模廠商之資金融通，及貨幣兌換等為業務，歷史悠久，在華商金融界中，頗有地位。銀行之中，外商銀行利用香港鉅額之進出口貿易，供其驅使，故營業資力之運用，至為活潑，聲勢之浩，殊足驚人。華商銀行，辦理華僑匯款，內地進出口金融，及少數工商業貸款等業務，故亦有相當地位。他若申電貿易場之調劑港滬匯兌之供需；金銀貿易場對於生金銀及貨幣的供需之融通；票據交換所用以增進信用制度之機能，並為香港金融界之清算中心；股份經紀會足以輔助資本市場之發展，使地方金融可由呆滯演進而為流動。凡此種種金融組織，皆構成香港貿易繁榮之因子。茲將各種組織之概況，分章述之。

第二章　銀號

第一節　銀號之沿革

香港銀號，勢力雄厚，歷史悠久，至今仍為香港金融市場組織中之中堅，其地位與上海之錢莊相似。夷考香港銀號產生之背景，實緣香港自開為商埠後，中外貿易，日漸繁複，一方外埠及廣東內地各鄉匯兌之需要日增，而一方本埠金融調節之需要亦愈殷，僑港華商，或因鄉誼友誼關係，或因彼此商業均有聯絡，故本地銀號，漸成為不可缺之經營，且用以輔助香港華商之金融之融通矣。

銀號之中，歷史最為悠長者，首推瑞吉銀號，開業已達五十餘年，近年始歇業。其次為鄧天福銀號，成立迄今，已近五十年。昌記銀號又次之，經有四十年左右之歷史，咸為港中金融界所稱道弗置者也。

香港銀號所在地，類多集中於文咸東街，永樂西街，大道中，康樂道中，南北行街口之德輔道西一帶。從事是業者，以籍貫言，當推廣東南海人歷史最早，勢力亦最優越。順德及四邑人士次之。良以數十年來，拔茅連茹，互為援引，各樹一幟，卒成統系，非偶然也。

第二節 銀號之類別

香港銀號種類，計有三種：即按揭、金銀找換、炒買是也。按揭銀號，以經營放款存款等為主要業務，故資本最厚，勢力最宏，信用亦至鞏固。金銀找換銀號，雖為門市零星營業，然集腋成裘，年中盈餘，亦殊可觀。惟業金銀找換業者，苟乏悠久之歷史，衝要之地點，以及忠於職務之夥伴，實不易插足於錙銖計較之場，未可忽視之也。至於炒買之業，多作買賣貨幣生金銀之業務，跡近投機，業此者亦不乏人，香港金融界中，咸以『炒買家』稱之。

上述銀號種類，殊難嚴格區分。不過依其業務之主要者別之而已。良以業按揭或金銀找換者，間亦有兼營炒買者也。

第三節　銀號之組織

香港銀號，以前獨資組織者較多。迨後社會對於金融機關之需要漸繁，銀號資本，因以增加。因資本增加之故，於是銀號組織，遂有漸趨合夥組織之傾向。近十數年來，社會金融事業，日益發展，更由合夥之組織，進而有公司組織之趨勢。惟港中屬於公司組織之銀號，為數尚寥寥可數耳。

銀號之資本，除公司組織者外，其餘銀號，合夥人之資產與銀號之資本，大都混而為一，無甚區分。故合夥人之資產，恆以銀號之資本目之。資本數額，以按揭銀號為最豐，多者一百萬數十萬元，少者為六萬元、五萬元、四萬元不等；設股東信譽顯著，司理能力優長者，縱使資本較短，然其營業之聲勢及獲利，殊未遜於鉅資經營者也。

銀號之主持店務者為司理，又稱「在事」。司理在組織系統上隸於合夥人或董事會，全號大權，悉操諸司理之手；襄助司理者，有副司理。號中職務，通常分部處理；其分部之多寡，視銀號範圍之大小而異。範圍較大者，約分下列各部：（1）『內櫃』一人，掌理全號出納事項。（2）『掌櫃』四人，分任外櫃出納，交收匯兌，訂立單據，及誌載客戶來往賬簿諸務。（3）『行街』一人，舉凡出外兜攬生意，吸收存款，推廣放款等事項，概惟『行街』之手腕是賴。行街兼任信用調查之責，如探詢客戶之身份資產物業等。（4）『幫手行街』一人，以助『行街』所不及，受『行街』之指揮。其職務雖與『行街』無異，惟責任較輕。（5）『文件先生』（即書記）一人，專司繕寫來往信件，必要時並設幫手助理之。（6）『打雜』或『後生』若干人，僅司收票，抄錄，傳遞等雜務而已。

規模較小之銀號，其組織在事實上殊無如此周密，大抵人數減少，職務則多兼任耳。

第四節　銀號之業務

銀號之業務範圍，各隨其營業性質而異。大抵按揭銀號，多以存放款項及匯兌為主要業務。金銀找換銀號，則以兌換貨幣為主要業務。炒買銀號則偏重於金銀買賣及匯兌買賣。

關於銀號之業務內容，除找換及炒買之銀號尚易明瞭者外。按揭銀號，則較難了了，茲略述之：港中按揭銀號之放款期限，久暫可以面訂，大抵最長者以兩閱月為度，短期者則多為二星期。依照習慣，銀號果欲將某宗放款如期收回，則須預先於放款到期日前一天通知債務人，使其從容預備，否則毋庸通知，而彼此亦默喻可以續期。銀號經營揭放業務，每逢市面商業興旺之年，依規模之大小，每號可做一百萬元至四百萬元左右之營業。

第五節　銀號之團體

香港銀號之有公共團體，除若干分幫而組織之小團體外，首推香港銀業聯安公會，最具勢力。斯會係經過改組而成者，其前身即銀業聯安堂。按銀業聯安堂創立於清光緒三十三年，為銀號同業集思廣益聯絡感情之機關，當時會址靡定，例假值歲之銀號中開會，同時以該值歲銀號之司理為開會召集人，因陋就簡者，幾近三十年矣。

旋香港銀業聯安公會始於民國二十一年十二月十二日正式成立，當時並賃固定會址於乍畏街，釐定香港銀業聯安公會修正章程一十八條，呈請香港政府立案。加入為會員者，多係一般按揭銀號。

第三章　銀行

第一節　香港銀行之沿革

銀行者，立於需要貨幣者與供給貨幣者之間，質與供需雙方以信用交易為營業之金融機關也。夫近世產業發達，經濟組織，日漸繁複，銀行之功用因以愈顯，上則有關社會金融之調劑，下則裨補個人經濟之便利。故銀行在現代經濟社會之地位，殊形重要者也。

香港首有現代式組織之銀行，屬於外商資本者，以英商之金寶銀行（ORIENTAL BANKING CORPORATION）為嚆矢。該行設立於清道光二十五年，即西曆一八四五年，當時以鴉片押匯為主要營業，並嘗一度於一八四七年發行紙幣五萬六千元，旋於清光緒十八年即一八九二年宣告停頓。

華商銀行成立最早者，首推廣東銀行。民國元年（一九一二年），陸蓬山氏返自美國三藩市，鑒於香港華商銀行之缺乏，遂應時代之需要，集資發起組織斯行，是為香港華商現代式組織銀行之先河，迄今該行猶巍然存在焉。

香港因地勢關係，頓成華南國際貿易之總匯，世界各國，為輔導各該國海外貿易之伸張起見，紛紛設立金融機關於是間。晚近時勢所趨，華商銀行之興起，又迨若雨後春筍。總計香港目下中外銀行數量，無慮四五十家。近自八一三事變發生；我國對外貿易重心，漸向南部移轉，儼然以香港替代上海之地位，由是國內銀行，遷港營業，為數漸增，此實為香港金融界最近之一特殊趨勢也。

第二節　外商銀行

一、外商銀行地位之重要

香港為華南國際貿易之中心，外商銀行之營業於香港者，非在少數，資力亦甚雄厚。香港國際匯兌之大勢，幾悉在外商銀行掌握中，就中尤以英商銀行之地位，最為重要，實執香港金融界之牛耳。夷考外商銀行勢力所以能佔優勢之故，約有數端：

（1）以歷史言，外商銀行創立悠久，匯豐、渣打、有利三銀行，更於昔年享有紙幣發行之特權。

（2）香港之外匯，幾全部在外商銀行之手，每日外匯行情，亦視匯豐銀行之掛牌是從。按外商銀行在港設立之目的，原為輔助各該國商人對華貿易之便利；蓋香港出入口貿易，泰半為洋行所把持，而洋行又多為外商所設立者，舉凡各洋行之外匯交易或銀行存款，為便利計，類多與外商銀行往來，自在意中。而香港對於各該國之匯兌，遂入於各該國銀行之掌握，亦勢所必然也。

（3）各外商銀行，其為分行者，則其總行大都在外國；其總行係在香港者，則在世界各重要商埠間，又皆有分行或辦事處。故匯兌之往來，至為便利。

（4）香港外商之航運業保險業，殊為發達，而世界各商埠又均有碼頭及貨倉之設；故出口商之做押匯交易：頗形適宜，愈有促進外商銀行營業發達之趨勢。

(5)外商銀行匯兌之進出較多。匯兌進出既多，則匯價自較華商為廉；匯價既廉，則外匯營業，益為發達。

(6)華人巨額存款之吸收，尤為外商銀行營業上獨具之特點。蓋國民心理，皆以外商銀行信用昭著，相率存入現款，為量甚鉅。

二、英商銀行

香港英商銀行，除兼營銀行業務之通濟隆（THOS. COOK & SONS, LTD.）及香港信託公司（THE HONGKONG TRUST CORPORATION, LTD.）地位不甚重要外，下述各英商銀行，實處香港金融市場上之優越地位。

(1)匯豐銀行（THE HONGKONG & SHANGHAi BANKING CORPORATION）

該行為香港之領袖銀行，創設於一八六四年；原係英、中、美、德、波斯等國人士合資組織而成，未幾中、美、德、波斯等股份相繼退出，卒成為英商獨資開辦之銀行。該行總行在香港，目下各埠分行及辦事處凡四十二所。一八六六年，該行並取得紙幣發行權，勢力雄厚，為英國在華經濟權利之代表者。

(2)渣打銀行(THE CHARTERED BANK OF INDIA, AUSTRALIA & CHINA)

該行為英國皇家特許銀行，亦為英商發展遠東貿易之金融機關。總行於一八五三年在倫敦設立；香港分行，則創自一八五八年，並享有發行香港紙幣之特權。該行於世界各大商埠間設分行及辦事處，凡四十四所。營業目的，在謀英人經商中國澳洲印度等處之便利，故其性質，乃一純粹之商業銀行，業務以存款放款及匯兌為主。

(3)有利銀行(THE MERCHANTILE BANK OF INDIA, LTD.)

該行原名CHARTERED MERCANTILE BANK OF INDIA, LONDON & CHINA，係英國皇家特許銀行之一，倫敦總行成立於一八五八年，迨至一八九二年始改組成為今之有利銀行，並於一九一六年承接BANK OF MAURITIUS，以開發印度貿易為職志。香港分行，成立於一九〇七年，旋於一九一一年經政府之批准，獲得紙幣發行權。該行隸屬之分行及辦事處計二十三所。

（4）大英銀行（THE P. & O. BANKING CORPORATION, LTD.）該行於一九二〇年創立，總行在倫敦，同年並設香港分行，其他各地分行及辦事處凡四十餘所，就中尤以印度境內所設者獨衆，計有三十五處之多。一九三九年將香港分行業務結束。

（5）新沙宣銀行（E. D. SASSOON BANKING CO., LTD.）該行為舊沙宣洋行（DAVID SASSOON & CO., LTD.）所主辦，依照香港政府公司註册條例於一九三〇年正式注册成立，並設分行於上海。

三、美商銀行

香港美商銀行，其規模較大者，計有下列各家：

（1）萬國寶通銀行（THE NATIONAL CITY BANK OF NEW YORK）該行英文原名為 INTERNATIONAL BANKING CORPORATION，總行在紐約，創立於一八一二年；香港分行，則成立於一九〇〇年。該行於一九二七年一月一日與紐約國家銀行合併，遂改今名。美國在遠東之銀行，資力以是行首屈一指。

（2）美國運通銀行（THE AMERICAN EXPRESS CO., INC.）紐約總行成

立於一八四一年；香港分行則於一九一三年創設。其業務分銀行及旅行二種，今之旅行支票制度，即係該行所始創者。

（3）大通銀行（THE CHASE BANK）　該行之英文原名為EQUITABLE EASTERN BANKING CORPORATION，創立於一九二〇年，乃美國紐約EQUITABLE TRUST COMPANY之附屬金融機關。一九三一年經董事會決議與紐約擁資美幣二萬萬三千萬元之THE CHASE NATIONAL BANK OF THE CITY OF NEW YORK合併，遂改今名。總行設在紐約；香港分行於一九二四年成立。

（4）友邦銀行（UNDERWRITERS SAVINGS BANK FOR THE FAR EAST, INC.）　該行係僑滬美商史帶氏（C. V. STARR）所創辦，一九三〇年向美國政府註冊成立。總行設於上海；香港分行，成立於一九三二年，業務以儲蓄為主。

四、法商銀行

法商在港之金融機關，原有二所，現僅餘其一，茲一併述及之：

(1)法國東方匯理銀行(BANQUE DE L'INDOCHINE) 係由法國各大銀行聯合組織，成立於一八七五年，即法國與安南締結條約之翌歲，總行設於巴黎。法國之東方貿易，以安南為對象；惟香港為華南輸口樞紐，故於一八七六年委人在港代理，後以營業日見順利，遂於一八九四年擴張為分行。法人經商香港，咸稱便焉。

(2)中法工商銀行(BANQUE FRANCO-CHINOISE POUR LE COMMERCE ET L'INDUSTRIE) 該行為中法合資，成立於一九二二年，原名為中法實業銀行，一九二五年改組成為今名。總行在巴黎；世界各大都市，均有分行及辦事處。香港分行，成立於一九二三年，至一九三七年六月將分行業務結束。

五、荷商銀行

荷商在香港經營之金融機關，計有二所：

(1)荷蘭小公銀行(NEDERLANDSCHE HANDEL-MAATSCHAPPIJ N.V.) 該行為荷蘭貿易協會(NETHERLANDS TRADING SOCIETY)依據荷蘭政府之特許狀，創立於一八二四年。目的在發展南洋羣島及遠東荷屬東印度之經濟。總行設於荷京安姆斯特丹（AMSTERDAM）；香港分行，成立於一九〇〇年。

(2)荷國安達銀行（NEDERLANDSCH INDISCHE HANDELSBANK N. V.）該行英文名稱為NETHERLANDS INDIA COMMERCIAL BANK, N. V.，成立於一八六三年。總行設於安姆斯特丹，海外以巴達維亞（通稱曰八打威）為總管理處，南洋各地均有分行。香港分行，係於一九〇六年成立。

六、日商銀行

日本對港之貿易，為量甚多，故日商銀行之地位，殊見重要。香港之日商金融機關，計有二所：

(1)橫濱正金銀行（THE YOKOHAMA SPECIE BANK, LTD.）成立於一八八〇年。總行設於日本橫檳；分行及辦事處共四十一所，遍於世界通都大邑。香港分行，創自一八九〇年。該行着重於日本在華金融勢力之發展，故對於日商在華投資之便利，殊有幫助。

(2)臺灣銀行（THE BANK OF TAIWAN, LTD.）為日本官商合辦之銀

行，目的在擴張日本在華南及亞洲南部之經濟勢力。一八九九年依日政府之特許狀而創立。總行設於臺灣之臺北；分行及辦事處計凡三十五所。香港分行，於一九〇一年成立。

七、其他國籍銀行

屬於比利時商所辦者，則有華比銀行（BANQUE BELGE POUR L'ETRANGER（EXTREME-ORIENT）SOC. ANONYME），該行原名BANQUE SINO-BELGE，總行設於比京布魯塞爾（BRUSSELS）。屬於比法商人合資者，則有義品放款銀行（CREDIT FONCIER D'EXTREME-ORIENT），總行地點同在比京。

第三節　華商銀行

香港華商銀行，以其註冊地點而別，可分為二類：其一係香港註冊者，其一則非香港註冊者。屬於後者，更分為門市營業及辦事處或通訊處二種。自八一三淞滬烽火起後，我國對外貿易，多以香港為轉口口岸，國內若干金融業，遷港營業者甚衆。茲將香港華商銀行之名稱及其成立年份，陳列於后：

一、香港註冊華商銀行

是類華商銀行，總行皆在香港。組織悉遵香港政府公司註册條例之規定。根據最近調查，在港註册之華商銀行，計有下列諸所：

(1)廣東銀行　創立於民國元年(一九一二年)。

(2)東亞銀行　成立於民國八年(一九一九年)；後並設九龍枝行。

(3)香港國民商業儲蓄銀行　成立於民國十年(一九二一年)；後並設九龍枝行。

(4)康年儲蓄銀行　創自民國五年(一九一六年)。

(5)香港嘉華儲蓄銀行　創立於民國十四年(一九二五年)。

(6)永安銀行　成立於民國二十三年(一九三四年)；其九龍枝行於民國二十六年(一九三七年)創設。

(7)香港汕頭商業銀行　創立於民國二十四年(一九三五年)。

(8)其他　如寶豐銀業公司，陸海通銀業公司，大源銀業公司，暨兼營銀行業務之中國信託公司（民國十八年即一九二九年成立）等。又金華實業儲蓄銀行，於民國二十二年（一九三三年）向香港政府註册，即設總行於香港，並創分行於廣州，惟香港總行則無營業。

二、非香港註冊華商銀行

此類華商銀行，又分為門市營業者及辦事處或通訊處二類：

（甲）屬於門市營業者，計有下列各行：

（1）中國銀行　該行係由清光緒三十四年成立之大清銀行遞嬗而來。民國既建，各地大清銀行咸改稱為中國銀行。民國十七年，國府復定為特許國際匯兌銀行。總行在上海；香港辦事處始於民國五年（一九一六年），民國八年（一九一九年），改為分行。

（2）交通銀行　成立於清光緒三十三年。民國十七年經國府定為特許發展全國實業銀行。總行在上海；香港分行，創自民國二十三年（一九三四年）。

(3)上海商業儲蓄銀行　總行在上海，成立於民國四年（一九一五年）。香港辦事處於民國二十一年（一九三二年）成立，迨民國二十三年（一九三四年）改為分行。

(4)中南銀行　總行設於上海，於民國十年（一九二一年）開業。香港分行於民國二十三年（一九三四年）設立。

(5)國華銀行，總行於民國十七年（一九二八年）成立於上海。香港辦事處於民國十九年（一九三〇年）設立，民國二十七年（一九三八年）始擴充為香港分行。

(6)金城銀行　總行在上海，創自民國六年（一九一七年），香港分行成立於民國二十五年（一九三六年）。

(7)鹽業銀行　成立於民國四年（一九一五年）。總行原日設於北平。香港分行，創自民國八年（一九一九年）；民國二十五年（一九三六年）再設九龍枝行。

(8)中國國貨銀行　該行為官商合辦；總行設於上海，民國十八年

（一九二九年）成立。香港分行，於民國二十七年（一九三八年）開始營業。

(9)南京商業儲蓄銀行　總行前設南京，成立於民國二十四年（一九三五年）。香港分行，創於民國二十七年（一九三八年）。

(10)華僑銀行　該行總行在新嘉坡，民國二十二年（一九三三年）由新嘉坡和豐、華商及原日之華僑三銀行改組合併而成。

(11)四海通銀行保險公司　該行總行設於新嘉坡，成立於清光緒三十三年（一九〇七年）。香港分行，始創自民國四年（一九一五年）。

(12)廣西銀行　官商合辦性質，由廣西省政府負無限責任股東。總管理處在廣西省邕甯（即南甯），於民國二十一年（一九三二年）成立。香港分行，亦於同年開始營業。

(13)廣東省銀行　由前之廣東中央銀行所改組，總行原於民國十八年（一九二九年）成立於廣州。香港分行，亦於同年設立。迨民國二十六年（一九三七年）重行修改章程，奉財政部核准施行，始改今名。二十八年秋廣州失陷後，總行隨省政府遷至新省會韶關。

(乙)屬於辦事處或通訊處者，計有：

(1)中央銀行總行通訊處
(2)中央銀行廣州分行
(3)中央銀行汕頭分行
(4)中央銀行廈門分行
(5)中國銀行總行通訊處
(6)中國銀行廣州分行
(7)中國銀行汕頭分行
(8)中國銀行廈門分行
(9)中國銀行江門分行
(10)交通銀行總行通訊處
(11)交通銀行廣州分行
(12)交通銀行汕頭分行

（13）交通銀行廈門分行
（14）中國農民銀行總行通訊處
（15）廣州市立銀行
（16）四川省銀行
（17）福建省銀行
（18）中南銀行廣州分行
（19）金城銀行廣州分行
（20）鹽業銀行廣州辦事處
（21）國華銀行廣州分行
（22）上海商業儲蓄銀行廣州分行
（23）中國通商銀行
（24）中國實業銀行
（25）中國農工銀行
（26）聚興誠銀行

(27)四明銀行
(28)新華信託儲蓄銀行
(29)其他特種銀行 如中央儲蓄會廣州分會，中國建設銀公司 通訊處
等。
按辦事處或通訊處係暫時駐港，並非永久性質，故間亦有遷回原址或
他地營業者。

第四節 銀行之團體

香港銀行之團體組織有二，一為華商外商合組之團體，一為純粹華商
組織之團體，茲分述之：(1)香港匯兌銀行公會，係中外銀行合組之團體
，以銀行為會員單位。目下會員銀行共二十二家；內計外商十一家，包括
匯豐、渣打、有利、大英、萬國寶通、大通、法國東方匯理、荷國安達、
荷蘭小公、橫濱正金、臺灣等銀行。又華商亦十一家，包括中國、交通、
國華、金城、上海商業儲蓄、廣東、東亞、香港國民商業儲蓄、廣東省

、廣西、華僑等銀行。該會尚無固定會址，現以渣打銀行為主席。(2)香港華人銀行公會，係純粹華商銀行組織之團體，亦以銀行為會員單位，香港各華商銀行皆為會員。會址並無一定，開會地點皆臨時訂定。目下該團體之主席為中國銀行。

第四章 申電貿易場

第一節 申電貿易場之沿革

香港申電貿易場，為調劑港滬間匯兌供需之機關。按上海電匯交易，在民國五年（一九一六年）以前，尚未有類賣式之組織，故各兼營匯兌之銀號，每日訂定匯價，參差不齊。其為往來之行號代理申電匯買賣，每日大抵以前一天銀行之申匯賣價為公盤。惟銀號與銀行較為接近，消息靈通，自毋待言；故價格漲落，易佔機先，翌日向各行莊買賣，恆操勝券，此港埠申電貿易之初期概況也。

經營上海電匯之買賣，始自民國五年，加入為會員者，初尚以銀號為限。至於銀行之加入是項組織者，當推中國及東亞兩銀行為嚆矢。回溯昔年申電匯價漲風，一度趨熾，銀行艱於求售，因知每晨有申電交易之市集，後始加入該貿易場為會員，逐日派員前往參加買賣。

查香港始有號賣式申電買賣時，既無章則，又乏場所。買賣者每晨集合於南北行街（即文咸西街）一帶，露天交易，相沿成例，其因陋就簡，遷就不改者，蓋已十有三年矣。迨後交易漸繁，買賣者鑒於街頭交易，既不雅觀，成盤時訂立契約，復諸多不便，遂於民國十七年（一九二六年）商議租賃南北行街口德輔道西第二十六號聚德隆行舖面，以為清晨上海電匯交易之市場，此其改進之經過也。

第二節　申電貿易場之組織

申電貿易場之組織份子，計有銀行、銀號、及各幫行莊等。銀行之中，加入為會員者，不僅為華商銀行，外商銀行亦有之。貿易場始賃在固定地點時，加入者僅四五十家，民國二十年前後，嘗增至一百二十餘家。自民國二十四年我國幣制改革後，申匯匯價安定，套利不易，會員漸減，現僅存五十家左右耳。民國十八年（一九二七年），即租賃聚德隆行為申電交易場所之次年，訂有章程七條，共同遵守，是為申電貿易場具有正式規章之始。

貿易場會員，以每一銀行、銀號、或行莊為單位。每一銀號或行莊，全年繳納會費十五元（前係十八元）；銀行則倍之。凡已加入為貿易場會員者，例由貿易場發給以編有號數之證章一枚，俾可逐日攜帶駐場參加申電買賣。

第三節　買賣時間及業務要則

申電貿易場之買賣時間，除星期日及銀行假期外，係在每天清晨八時半至九時半，屆期各銀行、銀號、及各幫行莊，均派員前往買賣及探知成盤之行情。惟事實上休假日申電貿易場仍有買賣者，要皆非正式之交易耳。

依申電貿易場章程之規定：會員入場買賣申電，例須隨身攜帶證章，該證章祇許自用，不得轉給非貿易場會員；一旦發覺，每次罰款十元。凡非貿易場會員之託為辦理申電買賣，每成盤申電匯款一萬元，須繳手續費五毫，以充貿易場之經費。至於非貿易場會員之僅欲駐場探聽行情者，則應逐月繳費一元，當由貿易場給與證章一枚，以便入場，而資識別。

第五章 金銀業貿易場

第一節 金銀業貿易場之沿革

香港為華南經濟之一重心，國內各地及歐美人士之來此經商遊歷者，川流弗息，故各地之生金銀貨幣，既有流入，復有需要；港中對於此類生金銀貨幣之兌出與換進，靡不以各銀號為居間，而調劑其供需之職能，則有賴乎合組之買賣機關焉。

香港金銀業貿易場（CHINESE MONEY AND GOLD EXCHANGE），即應此種環境之需要而產生者。該場係港中各銀號對於供給及需要生金銀貨幣之交易機關；故以經營各國金銀貨幣之買賣為主要業務，若英國二一金、美國八九金、國幣、中央紙、桂紙、西貢紙、新嘉坡紙、廣東雙毫，及其他各國貨幣等。會員之需要生金銀貨幣者，可向貿易場買進，設欲供給生金銀貨幣者，則向貿易場賣出，其間調劑供需各方面之機能，至為顯著者也。

夷考該貿易場歷史之開端，始自一八七六年，屈指至今，已歷六十餘載；及一九三二年即民國二十一年，始建貿易場址於上環孖沙街第十四號。會員銀號共有二百四十六家；其會員買賣證，原僅值五百元，特因章程上會員名額所限，祇許有缺頂補，故中間嘗漲價至七千元之多，執此一端，輒可想見該貿易場在香港金融市場中地位之重要也。

金銀業貿易場之買賣對象，在二十四年我國幣制改革以前，上海金融市場間標金買賣一度趨熾，該場之標金交易，隨亦至為活躍。及淞滬撤守，國府西遷以還，我國國幣對港幣之比價，時有變遷，套利較易，由是國幣之交易，遂趨於蓬勃之景象矣。

第二節　金銀業貿易場之組織

金銀業貿易場，經在香港政府立案，係香港各銀號所組織，故以銀號為會員單位。關於組織之規定，貿易場章程第二章第一款稱：『金銀業貿易場，以營各國金銀錢幣業之商店組織之。」驟觀是文，則組織似極寬泛，入會資格並不甚嚴。然細究同章第三款所示，則又未必盡然，該款條文稱：「本場行員（按：即指會員銀號。）現額二百四十六家，須填具志願書，繳交本場註册登記。行員非減至一百五十家以下，不得再行加入。如將來行員減至一百五十家以下，此時乃根據行底時價所值，徵求入行，以補充之。但此時定額總數，以不超過一百五十家為限。此例為垂永久起見，規定無論任何時期，遇修改必要時，須先得行員十分之八蓋章簽字認可，乃得提議修改；但以不失原有意義為限。」準是以觀，則會員名額之限制，殊為嚴格；換言之，即會員名額，不能超過二百四十六家。蓋果非如此，無以保障現有會員之利益也。

第三節　買賣時間及保證金

金銀業貿易場買賣時間，除休假日外，每日計分早晚兩市。早市又分二次：第一次在下午十二時十五分，第二次在下午十二時半。晚市亦分二次：第一次在下午五時五十五分，第二次在下午五時半。每次開市，例由駐場糾察員或守門印警依時搖鈴，遍告到場各人。

關於貿易場各會員買賣應繳保證金之規定：凡買賣之價值在三千元以內者，可免繳納保證金；如一經逾過三千元之限額時，其逾額之部份，須照貿易場中所訂定章繳納相當保證金。

第六章 票據交換所

第一節 票據交換所之意義及功用

票據交換所（CLEARING HOUSE）者，銀行業及其他金融業合組之清算機關也。目的在乎便利組合者款項之收付；而其主要事務，則在於同一地點，執行組合者相互間每日應行提示票據之交換，並執行交換後借貸差額之清償者也。

票據交換所之功用，約有數端：一曰節省時間；二曰節省勞力；三曰節省費用；四曰避免大宗款項途中輸送之危險；五曰避免錯誤；六曰節縮通貨之授受；七曰增進銀行之團結與互助。夫現代信用制度發達，票據之流通日廣，票據流通之終點，恆為收受存款之銀行；銀行每日營業上收入款項，以同業付款票據為一大部份，數量何止千數百張？而其金額，往往有達千萬百萬數十萬元。設若一一分送同業收款，必弗勝其煩；至其應收之款，果以現金運送往來，既冒風險，尤苦勞費。縱令互開往來賬户，以資撥解，而同一地方，同業衆多，不惟準備分散，而往來送票，猶不能免。且設有兩銀行於此，其相互間票據上借貸關係，未必平衡，現金收解之繁，亦難減除。今果有票據交換所之設，聚若干銀行於一處，則一銀行應收本地各他行票據，均集中於交換所。原來分家送票之煩，遂可減免；原來一銀行與其他各銀行多數之借貸關係，乃變而為單一之借貸關係，以應收總數與應付總數相抵，其一日間應收應付者，僅為單一的『交換差額』（CLEARING BALANCE）而已。所有一天中之網狀借貸關係，即由差額之清償而全部清償。由是觀之，不惟收付數目，較原來所需為小；且其收付方式，亦祇須由交換所所特定之轉賬機關轉賬，毋容現金授受，挹彼注茲，遂使此項因轉賬而節省之現金，可以移充別用，市面現金，無虞竭蹶，其簡便有利，為何如耶？

第二節　香港票據交換所之組織

考世界之有票據交換所，以成立於一七七三年之倫敦交換所為鼻祖。現代世界交換制度，亦以英國最稱完善。香港為英殖民地，繼承其母國精神特先，交換所之設，原應較早；惟香港正式有票據交換所之成立，實始自一九二三年九月九日。歷史雖短，然不失為香港金融市場組織之進步徵象也。

香港票據交換所，迄今尚未自建所址。初以德輔道中四號A為所址，現則設於渣打銀行三樓。每一交換會員銀行常年應繳納會費五十元。所有交換所管理費用，則由交換會員銀行平均分担。目下交換會員銀行，計共十六家，以國籍言：英商銀行四家，包括匯豐銀行、渣打銀行、有利銀行、大英銀行。華商銀行五家，包括中國銀行、交通銀行、華僑銀行、東亞銀行及廣東銀行。美商銀行二家，包括大通銀行及萬國寶通銀行。法商銀行一家，即法國東方匯理銀行。荷商銀行二家，包括荷國安達銀行及荷蘭小公銀行。日商銀行二家、包括臺灣銀行及橫濱正金銀行。

香港票據交換所與匯豐銀行之關係，至為密切。交換所章程第十條規定匯豐銀行為票據交換中心點；所有交換會員銀行應向該行開立往戶口，常年以無利息為條件之存款，存儲於匯豐銀行，俾省交換時現款「入倉」「出倉」之煩。根據估計所得，各交換會員銀行存款於匯豐銀行，為數約在港幣一萬萬六千萬元以上。以此觀之，香港票據交換所之實權，實全操諸匯豐銀行掌握；迨與英美各國票據交換所會員銀行分担權利義務者，迥然不同。至於非票據交換所會員銀行，如有關於票據交換事項發生，必要時亦得委託票據交換所會員銀行代理之。

第三節　香港票據交換所之交換制度

票據交換數額之大小，足以權衡全埠商業之盛衰。此種測驗，百無一爽。故一年中票據清算數額多，即為商業活動之表示。反之，一歲中交換數額少，即為商業呆滯之徵象。一歲之中，香港票據收付款項之昇降，每以一月份為最高；蓋一月份適值夏曆年關，商家結賬習慣，未能遽易，廣東內地及南洋之購買力，此時最強。故交收票據，獨見其多，由是一年中之交換數額，一月份恆居最高峯，非偶然也。

自交換事務言之：（一）香港票據交換所交換時間，除休假日外，每天兩次：一為午後十二時半，一為下午三時半。然逢星期六日，則祇於下午十二時半舉行一次。組合銀行之交換票據，必須於一定時間送到交換所。其所以於一定時間授受一次者，利在手續整齊，且可節省時間者也。（二）交換方法，殊為簡便：除匯豐銀行派一專員駐所為幹事長外，習慣上各交換會員銀行分派行員一人至二人，依時攜帶交換賬簿到所，座位依次而坐，向不排號。各交換會員銀行行員到所時，須預先將提出交換之行名及票據，填就清單，連同票據攜帶到所交換，屆時再送與駐所幹事長核計，兩相推抵，得一差額，不為收進，即為付出。又在所中交換之票據，各銀行應加蓋各該銀行之交換圖章，俾資識別，而明責任。（三）交換差額之收付：悉以轉賬處理之。按各交換會員銀行為便於轉賬起見，咸有存款存於匯豐銀行。各交換會員銀行所派行員，經將交換後之差額報告匯豐銀行駐所幹事長後，並聲明轉賬，一經其核視無訛，當即照收照付，代為轉賬。

（四）退票之處理方法：其應收退票之款，如須收取現金，抑或收取票據，咸從各交換會員銀行之便。退票時間，規定為交換日當日下午五時以前；倘有特別情形，得延至次日上午十時以前退票。星期六日退票時間，則為下午二時半以前。設逢舊歷新年前一日，或每月之首日及末日，或為經紀交割結賬之日，關於退票事項，必要時得預先通知，請求延長時間。惟交割結賬日雖經訂有一定時間，但每一交換會員銀行苟賬項經已結妥後，應即以電話通知匯豐銀行總會計；匯豐銀行總會計接到各交換會員銀行通告後，復即以電話逐一向各交換會員銀行宣佈交換清楚，此後即不能再行退票矣。

第七章 股份市場

第一節 香港股份市場之沿革

金融市場之組織，包括貨幣市場及資本市場。股份市場即屬於資本市場，亦即長期之資金市場也。香港股份市場，與地方金融，唇齒相關；按股份市場，為執行股份買賣及控制股份市價之唯一場所，其效能不特輔助固定產業之流通，並能使金融資金自呆滯變為流動。故股份買賣之靈滯，與股份市價之漲落，迨與全港金融之盈虧，互為因果者也。

香港各股份經紀會，向即以經營股份買賣為主要業務。歷史最早者，首推香港股份總會（HONGKONG STOCK EXCHANGE），創自一八九〇年；次為香港股份經紀會（HONGKONG SHARESBROKERS' ASSOCIATION），成立於一九一九年。俗稱前者為『頭會』，後者為『二會』，現均巍然存立，交易頻繁。昔年尚有香港股份物業經紀會（THE SHARE & REAL ESTATE SOCIETY

OF HONGKONG），則僅曇花一現耳。

目下香港各企業股份之市價起落，悉以香港股份總會及香港股份經紀會之買賣價格為依歸。香港經營股份交易之機關，雖尚不以『頭會』及『二會』為限，然全港股份市場之大權，則盡在其掌握中也。

第二節　香港股份市場之組織

一、股份市場組織之基本原則

香港各股份買賣團體之組織，悉採會員制，其組織之共通基本原則有四：（1）凡得在股份交易所中行使一切買賣之行為者，以會員及特許之經紀人為限。（2）一切交易上之責任，概由買賣者雙方自行負担；倘有任何損害，股份交易團體絕對不負一切賠償之責。（3）股份交易團體一切管理費用之負担，由會員分任之。

二、股份市場之組織

依據『頭會』『二會』股份交易團體之章程，其共通之組織要點如次：（1）會員名額，以二十四人為限。（2）會員資格，須年齡在二十一歲或二十一歲以上，並在香港居住經過十年以上者為合格。

至於如清理破產手續尚未結束者，或現尚爲類同性質事業之團體會員，或現尚與人合資經營性質相同之事業者，皆不得爲會員。(3)入會手續，以董事會全體通過爲有效。倘有一人投黑子表示不贊同時，即以不通過論。(4)會費之規定：進會時須納入會費一千五百元；每歲並另繳會員常年費二百元。(5)退會方法：會員可以隨時退會；惟入會費不能退回。若介紹新會員爲頂替其額時，其入會費之間接返還，則爲習慣上所許可。

以上各項，爲股份交易團體組織普遍之規定。各交易團體成立之初，對於入會之年齡、國籍、居留期間、品格、經歷等項，限制甚嚴。迨後香港地方經濟組織，日形複雜，故章程實施時，遂有若干之變通，如關於會員名額之規定，過去原以二十四人爲限，今「頭會」及「二會」之陸續加入爲經紀者，各自二十六人至三十人左右不等，即其一例也。至於入會資格方面，香港股份總會規定會員須爲英籍人民；然香港股份經紀會則中英葡印人俱有，不分國籍。會員買賣證初創時僅係一千五百元，後因名額有限，爭相頂補，故十四五年前股份市場發達時期，曾一度漲至三萬一千五百元之多，由此可以想見當時股份市場之活躍也。

第三節　買賣時間及佣銀印花稅率之規定

一、股份買賣時間　香港股份市場開盤時間，除例假日及星期六下午外，每天分二次：第一次在上午十時至十時半、第二次在下午三時一刻至三時半，但必要時得將時間延長之。

二、經紀佣銀之規定　佣銀為經紀人所得之勞銀。佣銀之徵取，以每股實際交易價值為標準。每股佣銀由二仙半至五元不等，茲列表以明之：

港幣股份買賣佣銀表

每股交易價值	每股佣銀
一千元或以上	五　元
八百元或以上	四　元
六百元或以上	三　元

四百元或以上	二元
三百元或以上	一元五毫
二百元或以上	一元
一百五十元或以上	七毫半
一百元或以上	五毫
六十元或以上	三毫半
三十五元或以上	二毫半
二十元或以上	二毫
七元半或以上	一毫
四元或以上	五仙
四元以內	二仙半
附注	如每股之價超過一千元時，其超過部份，每一百元之佣銀為五毫

按香港股份買賣之貨幣單位，雖以港幣為標準，然因香港與英國及海

峽殖民地暨我國上海之經濟關係，至為密切；故英幣股份、叻幣股份及滬幣股份之交易，亦常有之。其經紀佣銀之徵取，除滬幣股份係照股份價值取百分之五外，餘則另有規定，茲列表於左說明：

英幣股份買賣佣銀表

每股交易價值	每股佣銀（英幣）
五司令以內	半便士
五司令或以上	三便士
二十司令或以上	六便士
六十司令或以上	九便士
一百司令或以上	一司令
一百五十司令或以上	一司令六便士
二百司令或以上	二司令
四百司令或以上	百分之五

叻幣股份買賣佣銀表

每股交易價值	每股佣銀（叻幣）
五元以內	五仙
五元或以上	一毫
七元半或以上	一毫半
十五元或以上	二毫半
三十元或以上	五毫
壹百元或以上	七毫半
三百元或以上	一元
五百元或以上	二元
七百元或以上	三元

三、印花稅徵取之規定

印花稅即「士担稅」或「釐印稅」，該稅率為香港政府所訂，無論買賣期貨或現貨之股份，均須照章繳納，茲列表以明之：

股份買賣印花稅率表

股份交易價值	印花稅率
一元以上至一千元以下	一元
一千元以上至一萬元以下	三元
一萬元以上至二萬元以下	五元
二萬元以上至五萬元以下	七元五毫
五萬元以上	十元

第三編　香港金融行情

第一章　概說

金融行情，所以表示金融市場中各項金融價格之變化，俾讀者便於分析其變化之原因，並根據其過去價格變化之事實，藉供參考，以定未來交易之方針也。

香港為遠東宏大之商港，華南金融之中樞。不惟國際貿易，至為繁盛；卽金融市況，亦殊複雜。本港各日報，對於金融行情，多闢專欄，按日刊登，普佈諸世。各家行情紙社，每日亦分次發刊，供金融業及出入口商之參考。由是金融市況之盈虛起落，得以按索尋驥，隨時獲悉，各界稱其便焉。

本港各日報及行情紙關於金融市情之材料，其來源不止一方，有實地採自本港金融市場間者，有採自匯豐銀行之掛牌者，又有取自路透社商務電訊所報告者。然其間所用特殊名稱，按字不易索其意義，修辭每感艱澀難曉，實非普通人所能盡明；益以文字簡單，意義弗顯，果非金融界中人，殊難一一了解。至若金融市情應知之常識：若各國之幣制，各有關之外國金銀市場概況，金融市況起落之原因，金融新聞之大意等，殊為研究香港金融者所當明瞭者。茲將香港金融市場各項市情，分章敘述，並加以簡明之解釋。

香港金融行情，包括下列各類：（1）貨幣行情；（2）金市行情；（3）銀市行情；（4）外匯行情；（5）股份行情等。以次各章所述範圍，即以此數類為限。

第二章　貨幣行情

第一節　各國幣制大要

貨幣為一切價值之尺度；所以能隨意供支付之需，並可自由流通於社會者也。貨幣之種類，自性質言，計有硬幣及紙幣二種。自主屬關係言，則有主幣及輔幣。各國所採之貨幣本位，更可分為金本位制、跛行本位制，金匯兌本位制，及銀本位制等。至於貨幣之進位制度及其對外匯兌平價（PARITY），又各以國別之不同而互異。茲將香港金融市場有關之各國幣制，簡述如次。至於各國貨幣之對外平價，除有特別說明者外。概係根據一九三一年者。

（1）英國幣制　英國貨幣本位，在一九三一年放棄金本位前，原為金準備本位制（GOLD BULLION STANDARD）。單位為鎊（POUND）。每鎊等於二十司令（SHILLING），每司令等於十二便士（PENCE），每便士等於四花令（FARTHING）。對外平價，英幣一鎊，等於美幣四元八角六分七厘。

(2)中國幣制　中國幣制為銀本位，民國二十四年(一九三五年)十一月四日頒佈新貨幣條例，明定白銀收歸國有，實行法幣（LEGAL TENDER）政策。貨幣單位為元，進位制度為十進，每元合輔幣十角，每角合十分。對外平價，該新貨幣條例規定為每法幣一元合英幣一司令二便士半。

(3)美國幣制　美國貨幣單位曰美元（U.S.DOLLAR），每元合一百仙（CENT）。對外平價，美幣四元八角六分七厘，等於英幣一鎊。

(4)法國幣制　法國於一九三六年停止金本位。貨幣單位，曰法郎（FRANC）；每一法郎等於一百生丁（CENTIME）。對外平價，一二四·二一法郎合英幣一鎊。

(5)德國幣制　德國新貨幣單位曰德馬克（REICHSMARK），每一德馬克合一百分尼（PFENNING）。對外平價，二〇·四三德馬克等於英幣一鎊。

(6)意國幣制　意幣單位，曰利拉（ITALIAN LIKE）；每一利拉合一百生的西美（CENTESIMI）。對外平價，九二・四六利拉合英幣一鎊。

（7）印度幣制　印幣單位，曰羅比（RUPEE）；每一羅比，合十六安那（ANNA），每安那等於四卑斯（PICE），每卑斯則合三卑（PIE）。對外平價，每一羅比合英幣一司令六便士。

（8）荷屬東印度幣制　荷屬東印度，包括爪哇（JAVA），蘇門答臘（SUMATRA），東南部婆羅洲（BORNEO）；及西里伯（CELEBES）等處。荷印採金匯兌本位，貨幣單位為盾（GUILDER 或 GULDEN），又稱為福祿林（FLORIN）；輔助單位為仙（CENT），值一盾之百分之一。其外匯市價之決定，以荷蘭本國之盾及英鎊為基礎。

（9）泰國（暹羅）幣制　泰國(THAILAND)貨幣原為金本位制，至一九三二年五月十一日廢止。主幣單位為銖（TICAL 或 BAHT）；輔幣單位為士丁（SATANG），值一銖之百分之一。泰國貨幣，與英鎊發生聯繫。對外平價，泰幣十一銖值英幣一鎊。

（10）新嘉坡幣制　新嘉坡為虛金本位制；貨幣單位為叻幣（STRAITS

DOLLAR），採十進進位制度。單位之百分之一為占（CENT）。對外匯兌，以英鎊為本位。其法定比價，依據一九〇六年以後之貨幣法所規定，叻幣六十元換英幣七鎊，即叻幣一元值英幣二司令四便士。

(11)菲律賓幣制　現在菲律賓之本位為金匯兌本位。貨幣單位為批索（PESO），進位制度為十進。每批索合一百生地佛（CENTAVA）。對外匯兌平價，自美元貶值後，規定每二批索等於美幣一元。

(12)安南幣制　安南貨幣，原為銀本位制，至一九三一年十一月十二日越政府始以命令禁止銀幣之流通。貨幣單位為越元（PIASTRE），輔幣單位為仙，值越元之百分之一。按安南為法之屬地，其與母國法郎之比例為一比十，即每一越元等於十法郎。

(13)日本幣制　日本於一九三一年(昭和六年)十二月十三日步英國之後塵，停止金本位制。日幣單位為圓（YEN），每圓合一百錢，每錢等於十釐。對外平價，前以一日圓合英幣一司令二便士。一九三九年十月二十四日起將日圓與英鎊脫離聯繫，改與美金元聯繫，並定對美匯兌平價為每一日圓合美幣二角三分又十六分之七。

(14)荷蘭幣制　荷蘭採金匯兌本位。其貨幣單位為盾（GUILDER或GULDEN），又曰福祿林（FLORIN）。輔助貨幣單位為仙（CENT），值一盾之百分之一。對外平價，一二·一〇七福祿林合英幣一鎊。

(15)瑞典、挪威、丹麥之幣制　三國之幣制皆相同：貨幣單位為克倫（KRONER）；採十進制度，輔幣為奥（ORE），一克倫等於一百奥。

(16)比利時幣制　比利時於一九三五年停止金本位。貨幣單位為比爾加（BELGA）；採十進制，每一比爾加等於一百生丁。

(17)瑞士幣制　幣制單位為瑞法郎（SWISS FRANC）；採十進進位制度，一瑞法郎等於一百生丁。

(18)澳洲、紐絲蘭、及檀香山之幣制　澳洲及紐絲蘭之幣制，與英國同。檀香山因係美國屬土，故貨幣亦隨美國之制。

第二節　貨幣價格變動之原因

貨幣價格之昇降，其原因雖至複雜，然提綱挈領，不外下列諸端，茲分述之：

（1）匯價漲落之原因　貨幣價落格之昇降，每與匯價之鬆縮成正比例。當匯價上漲時，即港幣價值下降，亦即外幣價值之趨漲；反之，匯價下落時，即港幣價值上昇，亦即外幣價值之趨降。由此以觀，貨幣價格之變動，迨恆與匯價發生連繫者也。

（2）貨幣本身之供需關係　以常情言：貨幣價格之起落，恆與匯價之昇降成正比例。然自貨幣本身之供需方面言之，則並不盡然；故每逢市面貨幣供給數量增多，而需要者寥寥無幾，固能影響貨幣價格之低落；反之，市面貨幣供給數量奇罕，而需要者甚殷，必形成貨幣價格之上漲，自然之理也。

（3）其他原因　貨幣價格起落之原因，並不僅以上述二端為限，他若各國之幣制變動，以及其軍事、政治、經濟、財政諸問題，暨金融市場之投機等等，莫不直接間接與各該國貨幣價格之昇降有關者也。

第三節　貨幣行情說明

貨幣行情之刊載，各報莫不有之。茲將太公報經濟界欄於二十八年五月八日所載者錄左：

▲貨幣價值

大洋券	．五四九五〇〇
什大洋券	．五四〇〇〇〇
一元毫券（千）	四〇一．三七五〇
五元毫券（千）	四〇三．〇〇〇〇
十元毫券（千）	四〇三．〇〇〇〇
省舊雙毫	．六七一〇
省新雙毫	．七〇四〇
舊中央紙	．〇六七〇
廣西紙	．二六〇〇
新嘉坡毫	一．八五〇〇

中央光(千) 低一二〇・〇〇〇〇
新港單毫(千) 加二毫
舊港單毫(千) 低一元半
新港五仙(千) 加五仙
舊港五仙(千) 低一毛半

▲各國紙幣

正鎊紙 一六・一五〇〇
花旗紙 三・四八〇〇
雪梨紙 三・三九七〇
呂宋紙 一・七〇九四
荷蘭紙 一・八三九〇
石叻紙 一・八六六九
法郎紙 ・八九五〇
什法郎紙 ・七八八〇
暹羅紙 一・四八五〇
西貢紙 ・九三三〇

上項貨幣行情報告，係以前一天（即五月七日）之收盤市價為根據。茲將上項所列，逐一說明如次：

◆貨幣價值

大洋券	每元	值港幣五毫四仙九厘半
什大毫券	每元	值港幣五毫四仙
一元毫券（千）	每千元	值港幣四百〇一元三毫七仙半
五元毫券（千）	每千元	值港幣四百〇二元
十元毫券（千）	每千元	值港幣四百〇二元
省舊雙毫	每元	值港幣六毫七仙一厘
省新雙毫	每元	值港幣七毫〇四厘
襍中央紙	每元	值港幣六仙七厘
廣西紙	每元	值港幣二毫六仙
新嘉坡毫	每元	值港幣一元八毫半
中央光（千）	每千元	值港幣八百八十元
新港單毫（千）	每千元	貼水二毫
舊港單毫（千）	每千元	扣水一元半

新港五仙(千)	每千元	貼水	五仙
舊港五仙(千)	每千元	扣水	一毫半

▲各國紙幣

正鎊紙	每一英鎊	值港幣	十六元一毫半
花旗紙	每美金元	值港幣	三元四毫八仙
雪梨紙	每一澳幣	值港幣	三元三毫九仙七厘
呂宋紙	每一菲幣	值港幣	一元七毫〇九厘四
荷蘭紙	每一盾	值港幣	一元八毫三仙九厘
石叻紙	每一叻幣	值港幣	一元八毫六仙六厘九
法郎紙	每一法郎	值港幣	八毫九仙半
什法郎紙	每一法郎	值港幣	七毫八仙八厘
暹羅紙	每一銖	值港幣	一元四毫八仙半
西貢紙	每一越幣	值港幣	九毫三仙三厘

此外尚須附帶說明者：(1)大洋券即國幣，亦即法幣，又稱申紙或上海紙。香港所謂雜大洋券者，指中央、中國、交通三行以外之法幣而言；

故中央、中國、交通三行之法幣又稱正大洋券。(2)廣西紙即桂幣，其對於國幣之比率為桂幣二元等於國幣一元。(3)毫券指現行之廣東省立銀行所發行之紙幣而言，其對國幣之比率為毫券一元四毫四分等於國幣一元。(4)舊中央紙即前廣東中央銀行發行之紙幣。(5)省雙毫係廣東發行之銀質輔幣。(6)中央光即我國前之銀質大洋，包括中山像及袁世凱像之一圓銀洋。(7)正鎊紙係指英國本國發行之金鎊票而言。(8)法郎紙與什法郎紙之別：即前者係指法國本國所發行之法郎票；後者係指法國以外之法郎票，如瑞士法郎是。(9)其他各國紙幣，多以各該國之著名商埠或習語稱之：例為花旗紙指美國紙幣；雪梨紙指澳洲紙幣；呂宋紙指菲律濱紙幣；荷蘭紙指荷屬東印度之紙幣；石叻紙指新嘉坡紙幣；暹羅紙指泰國之紙幣；西貢紙則指法屬安南之紙幣也。

第四節　貨幣行情新聞舉例

關於貨幣行情新聞，本港各日報均有按日刊載，今擇錄一二例於後，以供參考：

（甲）二十八年五月十一日循環日報商業新聞欄：

申紙毫券略漲

昨日港市申紙毫券價較前市均略漲，中紙（按：即廣東中央紙）價較前市微降，桂紙則照舊　將茲昨日市況分誌如后：

▲申紙　申紙(正)上午五四六八七五，五四七二七五，收市五四七二五。下午五四七二五，收市五四七六二五。(什)上午五三七；下午五三八。

▲毫券　毫券(五元十元)上午四〇一七五，四〇二，收市四〇二。下午四〇一八七五，收市四〇二。(一元)上午四〇一，四〇一二五；下午四〇一二五。

▲中紙　中紙期貨每千按價為六十八元，公價七〇，息低二先(按：先即仙)。

▲桂紙　桂紙上午二六〇，下午仍二六〇。

（乙）二十八年四月十八日大公報經濟界欄：

德幣跌價
美幣上漲

邇來歐洲時局日形險惡，昨歐洲電訊傳來，謂德義拒絕接受羅斯福總統之和平計劃後，歐洲風雲，益形險惡，人心愈感不安。本港金融市況，昨亦微受影響，因是昨日存有馬克（德幣）者，頗多拋出、其價因之略降，每馬克日前值港幣一元四毛〇八者，昨值一元四毛左右而已。惟花旗幣（美國幣）需求增加，其價因之上漲，每元值港幣三元四毛九仙，較上日約起五仙，至於我國幣價，亦隨漲至五五·四五，即每百元值港幣五十五元四毛、較上日高六仙強。

第三章　金市行情

第一節　英美之金市場

香港金融市場中之金市市價，恆以英美金價之馬首是瞻。良以英美金市場，為世界金貨買賣之鉅大市場，故論及香港之金市行情，對於此兩大金市場之敍述，殊未可忽略者也。

一、倫敦金市場

英國之金市中心為倫敦；全世界之金貨中心市場，亦非倫敦莫屬。現在世界每天之金價，均以倫敦金市場所發表者為標準。倫敦金市場所以能發展至今日之地位，其原因有三：(1)英國始終未採禁金出口政策。(2)倫敦金市場脫離英蘭銀行（BANK OF ENGLAND）之拘束，而立於超然之地位。(3)英蘭銀行對於金之交易，因有法定限價之關係，買入金價與賣出金之數額，相差至鉅，由是益使倫敦金市場趨於繁榮。

倫敦金市場，係由下列四大公司所構成：(1)摩卡脫（MOCATTA &

GOLDSMID）；（2）蒙泰格（SAMUEL MONTAGUL & CO.）；（3）匹克司林（PIXLEY & ABEL）；（4）蕭普司（SHARPS & WILKINS）。此四大商號為倫敦金市之主要經紀商，其代理處遍設於世界各大商埠。倫敦金市場之大權，幾全操於此四大商號之手。

二、紐約金市場

紐約金市場市價之動變，恆隨倫敦金市場之變動而轉移。紐約金市場之構成，又悉賴金銀商、熔鍊公司、聯邦銀行、及匯兌銀行等四種金融上之有力份子；就中尤以前二者更操有金貨買賣之大權。查紐約重要之金銀商有四：（1）漢台公司（HANDY & HARMAN CO.）；（2）萬隆公司（VERNON METAL & PRODUCE CO.）；（3）普活公司（T. K. POUW）；（4）沙克公司（GOLDMAN SACK）。此四家為謀金貨買賣及市況報告之便利起見，均於倫敦設有代理處。又紐約重要熔鍊公司有二：即（1）美國熔鍊公司（AMERICAN SMELTING CO.），及（2）合衆國熔鍊公司（UNITED STATES SMELTING CO.）是也。

美國金貨貿易，前尚自由；惟自一九三三年政府採取禁金出口，集中現金，並停止金貨兌現政策等以還、金貨交易，輒受限制。前之自由買賣，蓋已成為過去矣。

第二節　金價變動之原因

金價漲落之原因，大別之，則基於貨幣政策及生金供需之關係。細別之，則可分為下列諸端：

（1）金產量之原因　金貨在供給方面、不若工業製造品之富於伸縮性；在通常情形之下，恆無特殊變動、產量至為穩定。故在需要方面，如較繁多，則金價上騰；反是，則金價下落。

（2）銀價漲縮之原因　按銀與金二者，處於相對地位。故金價貴，即銀價賤；反之，金價賤，則銀價貴。按世界銀價，決定於倫敦市場；欲知金價之起落，尤不可不知倫敦之銀價也。

（3）外匯變動之原因　金價起落，與各國匯市有密切之關係。各國貨幣之準備，金為有力之後盾；各國匯市，遂與金市發生密切之關係。故各國匯市與金市之漲落，又常發生相互之影響。

（4）其他原因　金價市情之起落，有時不受銀價及外匯之支配，而受投機家之控制。此外如時局之變化，季節之關係，一般經濟政策之影響，社會心理之習用首飾與否，皆足招致金價上下者也。

第節　英金

香港英金市情，可分為金塊及二一金。前者之行情，根據匯豐銀行掛牌及路透社商務電報之報告，其實物之交易，係在倫敦金市場中；後者則係英國貨幣之一種，在香港金融市場中，每有是類貨幣之實物買賣；而市價則係以金銀業貿易場之交易價格為根據。

英金塊市情，依據二十八年五月七日大公報經濟界欄所載路透社報告如次：

（倫敦六日路透社電）英金開價七鎊八司令六便士，無變動。

以上所示，『英金七鎊八司令六便士』，即英國金市場上之純金塊，每安士之價值，等於英幣七鎊八司令六便士也。

至於英國二一金市情，依據二十八年五月四日華僑日報之經濟欄報告列左：

金銀貿易場早盆行情

貳壹金　廿八元三毫

按二一金之重量，等於華量二錢一分三厘，故習慣上通稱之曰二一金。照該天之市情，二一金早盆成價，為每枚值港幣二十八元三毫也。是項貨幣，乃面值一鎊之硬幣，第一次歐戰後在英國已不流通，香港金融市場中雖有流通，惟交易者之目的僅為窖藏或投機，故其市價，並不根據香港對英匯價，且每較面價相同之英鎊紙幣一鎊為昂貴也。

第四節　美金

香港美金市情，亦可釐為金塊及八九金二種。前者之交易，自美國實施購買黃金政策以還，原日之美元與黃金關係，已異於前，即根據法定價值，純金每安士應為美幣二〇・六七元之規定，已不適用。美國金融善後公司（RECONSTRUCTION FINANCE CORPORATION）第一次宣佈收買黃金之價格，即為每安士合美幣三一・三六元，以後價格日增，是為公開收買黃金之始。至於一九三四年一月三十一日，美國總統羅斯福氏根據所通過之湯姆斯法案（THOMAS ACT），宣佈美元事實上之穩定，規定每一美金元之純金成份為一三・七一四二九格蘭（GRAIN），僅及舊美金元之百分之五九・〇六，計貶值百分之四〇・九四。嗣後美元與黃金之關係，遂暫時規定純金每一安士合美幣三十五元矣。

八九金又稱花旗大金，乃面值美幣二十元之硬幣；每枚之重量，等於華量八錢九分三厘三，故名。香港金銀業貿易場對於是項貨幣之買賣，頗為注重。其市價之表示，即每枚等於港幣若干元；交易價格，則較面值相同之美國紙幣二十元為昂貴，因其並不以香港對美匯價為依據也。茲以二十八年五月八日申報（按是報香港版現已停版）經濟新聞欄所示一週間金融調查之報告列左：

▲八九金 （單位港元）

日期	上午開市	下午收市	全日最高	全日最低
五月一日	七〇・一三〇	七〇・一三五	七〇・一四〇	七〇・一三五
二日	七〇・一〇〇	七〇・一六五	七〇・二〇〇	七〇・一〇〇
三日	七〇・一一〇	七〇・一四五	七〇・一四五	七〇・〇九〇
四日	七〇・二〇〇	七〇・一九〇	七〇・二四〇	七〇・一五五
五日	七〇・二〇〇	七〇・二一〇	七〇・二三〇	七〇・一九五
六日	七〇・二一〇	七〇・二〇〇	七〇・二三〇	七〇・一八〇

第五節 飾金

香港飾金行情，有金葉、金條、及首飾金鋪之金器三種。茲根據二十八年三月九日中國晚報之報告如次：

△金市　　　今日早盤

入門飾金	每兩值	一四二一·七〇港元
恆盛金葉	每兩值	一四五·五〇港元
恆盛金條	每兩值	一四四·五〇港元
永盛隆金葉	每兩值	一四七·五〇港元
永盛隆金條	每兩值	一四五·〇〇港元

上表各種飾金行情之交易單位，係以換數計算。即純金每一華兩，值港幣若干元也。入門飾金市價，係首飾金舖之金器買價。表中恆盛及永盛隆，乃經營是類營業之商號名稱。此外尚有麗興、信行等號，亦以作金葉金條之買賣，時現其名於香港報端者。

第六節　金市新聞舉例

金市新聞，根據大公報經濟界欄所刊，縷陳於後：

(甲)英金市價　二十八年四月十四日該報由路透社所供給之商務電報

，則有下列簡單之報告：

英金回跌

（倫敦十二日路透社電）英金開價七鎊八司令六便士，跌半便士。

（乙）美金市價　下列新聞，係同日該報採訪自金銀貿易場者：

八九金市仍屬堅穩
價較前略漲三仙半

昨本港八九金市況，仍屬堅穩，下午匯市趨緊時，買戶較多，結果，價較上日漲三仙半。查是日上午開市價為七十元六毛，繼以匯市趨穩，人心略淡，散家拋出，價稍降至七十元五毛二仙。繼因大戶吸進，價略升至七十元五毛八仙，隨以散家又售出，價降至七十元五毛半。上午收市時，大戶吸進，價稍漲至七十元六毛二仙。下午開市價為七十元六毛半，隨以大戶吸進，價稍升至七十元六毛七仙，繼因散家售出，價微降至七十元六毛六仙，隨以大戶又拋出，價復略降至七十元六毛三仙。收市時，因散家多售出，價再降至七十元六毛。上午公價為七十元五毛　下午亦然。息價一毫半。

(丙)金條市價　據二十八年五月二日該報所載：

昨日金條成交
達三千餘安士

昨日金條，頗有成交，總共二千六百安士，計大通銀行吸進五百安士，價為一百十九元四毛半；渣打銀行購進一千九百安士，價為一百十九元半，又九百安士，價為一百十九元三毛半，又三百安士，價為一百十九元四毛。

上項新聞一則，金條之交易價格單位為一安士，即金條每一安士值港幣若干元。查本章第五節所述之金條格價單位，則為一換或一華兩；換言之，即金條一華兩可值港幣若干元，其間稍有分別，故順便述及之。

第四章 銀市行情

第一節 英印美之銀市場

香港之銀市行情報告，頗注重於英印二國銀市。按英國銀市場之中心為倫敦，印度銀市場之中心為孟買。倫敦與孟買銀市場，皆係世界聞名之白銀市場。至於美國之紐約銀市場，在一九三三年白銀政策未頒佈前，地位亦甚重要，均分別略述其概況如次：

一、倫敦銀市場 倫敦為世界主要之銀市場，其能致此之原因有三：(1)倫敦為有史以來世界最大之金銀集散地；(2)倫敦為世界金融之中心，凡與銀市有關係之各匯兌銀行，莫不在倫敦設有分行或代理處；(3)倫敦對各主要用銀國家如印度等之貿易，發生密切關係。

倫敦之銀市場，以下列四家金銀經紀商為買賣中心，即：(1)摩卡脫(MOCATTA & GOLDSMID)；(1)蒙泰格(SAMUEL MONTAGUL & CO.)；

、(3)匹克司林(PIXLEY & ABEL);(4)蕭普司(SHARPS & WILKINS)。自美國頒佈收買白銀政策後,世界銀鑛商人,卽減少一銀市。故倫敦五金商為增進白銀買賣之便利起見,遂更有白銀交易所之設,該所成立於一九三五年五月一日,買賣白銀,亦均以純銀為標準。

倫敦純銀交易,有近期(SPOT 或 CASH DELIVERY)及遠期(FORWARD DELIVERY)之分。期限計近期為七天,遠期為兩個月。交易單位,以五千安士為標準。銀價決定,係在每日下午二時許;星期六則提早在上午十二時。每日交割,以白銀儲藏之棧單(卽倉單)是憑,清算買賣,而並不為實際銀塊之受授。

倫敦標準銀價格,係以下列各點為依據:

重量:一安士(OUNCE)

成色:〇·九二五。卽每一安士銀塊所含之純銀,為千分之九二五;

雜質為千分之七五。

二、孟買銀市場 印度人民,習尚用銀,且社會藏銀之風特盛,故不惟有世界最大用銀國之稱，抑亦為世界重要銀市場之一。查印度銀市，計有數處，而市場最大者，首推孟買。孟買銀市場以BAZAAR為交易集中之場所，參加買賣者，計有：(1)匯兌銀行；(2)金銀商(BULLION DEALER)；(3)經紀人；(4)CHCKSEY或CHOWKSHIES，此輩之勢力最為雄厚；(5)SHROFF，此輩業務，專為內地商人居間買賣，收取佣金；及(6)投機商等等。銀市交易時間，每日自上午十時起，至下午五時止，繼續買賣，而交割則以下午較多。

孟買銀市之交易期限，亦分近期及遠期二種：近期即以當日及翌日交割為限；遠期分本月份交割(FIRST SETTLEMENT)及下月份交割(SECOND SETTLEMENT)二種。

孟買市場之銀貨買賣標的物，向以英美之銀條為大宗。自一九二八年後，政府以準備金中之剩餘羅比，改鑄銀塊；故銀市中遂有印度造幣廠銀條(INDIAN MINT BAR)之買賣。現在孟買銀市場所交易者，多以此種銀條為主。

孟買銀價標準，係根據下列各點：

重量：一都拉TOLA（每一都拉，等於八分之三安士。每一百都拉等於三七·五〇安士。）

成色：〇·九九八〇。即每一個都拉銀塊所含純銀，為千分之九九八；雜質為千分之二。

三、紐約銀市場

美國銀市中心為紐約；美國產銀，年達六七萬安士之鉅，佔世界生銀歲產總額三分之一左右。紐約因處于英國、加拿大、墨西哥三大銀產國之中央，遂為世界之一重要銀市。

紐約銀貨之交易，大抵操自下列三種商號之手：（1）五金經紀商人；（2）外國匯兌經紀人；（3）金屬生產及金屬熔鍊公司。其銀價之決定，例於每日正午十二時發表；惟實際買賣，仍悉聽各商自由議定，一日之間，交易頻繁，市價殊難一致，不若倫敦銀市價格之較為平穩也。

自美國頒佈白銀國有命令後，銀塊期貨買賣，亦因之停止。而紐約銀市在世界金融市場上之地位，蓋已無足輕重矣。

美國標準銀價，根據下列各點：

重量：一安士（OUNCE）

成色：〇．九九九。即每一安士銀塊所含純銀為千分之九九九，雜質為千分之一。

第二節　銀價變動之原因

銀價之漲落，或由於政治、經濟、軍事諸問題，或由於幣制、外匯及金價之變動；其原因雖不一端，然大體言之，計有二義：一方面因受貨幣變動之影響，其情形迨與一般物價之起落類同；另一方面則因白銀供需之特殊關係。

自第一方面言之：銀變價之變動，每因各國貨幣政策之變動而轉移。例如一九三一年安南幣制之改革，影響銀價之跌落；又如美國一九三四年購銀法之實施，以迄至一九三九年六月杪之通過銀價貶值政策，使銀價隨貨幣政策之變遷而有一高一低，是皆貨幣變動之影響於銀價者也。

自第二方面言之：設銀產數量增加，則銀價跌落；反是，如銀之產額不豐，則銀價上漲。又如銀質工藝消耗品之增減，窖銀舊習之有無，銀製飾品之盛行與否，皆足以影響銀價之變動也。

第三節　銀市行情解釋

銀市行情，除由匯豐銀行掛牌所示者外，其來源亦可得自報端。港中各日報經濟新聞專欄之銀市行情，多涉及倫敦及孟買二銀市，依據二十八年五月八日大公報經濟界欄所刊：

▲倫敦銀市

英銀開價(近期)	二〇·三七五〇〇
英銀開價(遠期)	二〇·一八七五〇

▲孟買銀市

即期	五三·〇八
五月期	五三·〇七

六月期　　五三・〇六

銀價之表示，係以每一安士標準銀等於若干貨幣價值，而並不以若干貨幣價值（如幾司令或幾便士）表示之。例如表中所示，近期英銀，每安士之價格為二十便士又八分之三；又如即期印銀，每安士之價格為五三・〇八羅比。

銀價之變動單位為〇・一二五，即八分之一，亦即香港金融界通稱之一個『咽』也。

銀價之交易期限，倫敦銀市及孟買銀市，雖亦各有近期及遠期之別；然習慣上猶略有出入之處：（1）近期方面：倫敦近期之銀貨，為賣主在七天以內，任何一天交貨者，此悉憑賣者之意思是斷。孟買之近期銀貨，則以當天及翌天為交割日。（2）遠期方面：倫敦期限為二個月；孟買則採用月份，即本月份交割及下月份交割。

第四節　銀市新聞舉例

銀市新聞，根據路透社商務電訊，文字殊為簡單。茲舉二十八年五月六日大公報經濟界欄中所載英印銀市報告如次：

英銀近平遠漲

（倫敦五日路透社電）英銀近平遠漲，卽近期二〇・二五〇〇〇，遠期二〇・〇六二五〇，漲〇六二五〇，投機家及印商略有買入，拋售甚少。

（孟買五日路透社電）印銀市場穩靜，成交五十條，各價如下：

	卽日價	昨日價
卽期	五三・〇五	五三・〇三
五月期	五三・〇四	五三・〇二
六月期	五三・〇三	五三・〇一

第五章　外匯行情

第一節　外匯意義及各國之匯兌中心

一、外匯之大意　外匯即國外匯兌之稱，為銀行不藉現款之輸送，而可以代理國際債權人，與債務人了結其債項之事務也。易言之，即以本埠債權交換他埠債務，或他埠債權交換本埠債務，而藉匯票以為媒介之意。故匯票者，乃轉移國際債務之工具也。

國際間債務之了結方法有二：(1)匯付（REMIT）法，又稱順匯，即由債務人向銀行購買匯票，寄交債權人，以資了結其債項之謂也。(2)出票（DRAW BILL）法，又稱逆匯，即由債權人對債務人，發出匯票，令付款於持票人或指定人之謂也。

外匯種類，依其性質及信用而言，大約可分為下列二大類：(1)銀行匯票（BANKERS' BILLS）：包括電匯（CABLE TRANSFER 或 TELEGRAPHIC

TRANSFER 簡寫為 T.T.）·，即期匯票（DEMAND DRAFT 或 SIGHT BILL）·，及長期匯票（BANKERS' LONG BILLS）。(2)商業匯票（COMMERCIAL BILLS）：包括信用匯票（CLEAN BILLS），及押匯匯票（DOCUMENTARY BILLS）。信用匯票復分為商業信用匯票（COMMERCIAL CLEAN BILL）及依信用證書所發之信用匯票（CLEAN BILL UNDER LETTER OF CREDIT）二種；押匯匯票又分為押匯支付匯票（DOCUMENTS AGAINST PAYMENT BILL）及押匯承兌匯票（DOCUMENTS AGAINST ACCEPTANCE BILL）二種。

二、各國之匯兌中心 世界各國，莫不有其匯兌中心，茲擇其重要者，列表以明之：

國別	外匯中心
英國	倫敦（LONDON）
中國	上海（SHANGHAI）
美國	紐約（NEW YORK）
法國	巴黎（PARIS）

德國	柏林（BERLIN）
意國	米蘭（MILAN）
英屬印度	孟買（BOMBAY）
泰國（暹羅）	盤谷（BANGKOK）或稱曼谷
安南	西貢（SAIGON）
比利時	布魯塞爾（BRUSSELS）
瑞士	伯爾尼（BERN）
瑞典	斯德哥爾摩（STOCKHOLM）
挪威	奧斯陸（OSLO）
丹麥	哥本哈根（COPENHAGEN）
日本	橫濱（YOKOHAMA）
荷蘭	安姆斯特丹（AMSTERDAM）
加拿大	蒙特利爾（MONTREAL）
澳洲	悉尼（SYDNEY）又稱雪梨

菲律賓　馬尼剌（MANILA）又稱岷埠或小呂宋

緬甸　仰光（RANGOON）

爪哇（荷屬東印度）　巴達維亞（BATAVIA）又稱吧城

第二節　匯價及其表示之方法

一、何謂外匯匯價　外匯為本地貨幣與外國貨幣之交換；此二種貨幣交換之比率，謂之外匯行情，又曰匯價（EXCHANGE QUOTATION）或匯兌率（RATE OF EXCHANGE）。申言之，即以若干本地貨幣，折合若干外國貨幣之換算價格也。

二、匯價之表示方法　外匯市場中，兩地貨幣之交換，以何地貨幣價格為標準，每有一定之規定；其表示之方法有二：

(1)『應收匯價』（RECEIVING QUOTATION）　以本港貨幣為標準者，謂之『應收匯價』。換言之，即以一定數量之香港貨幣為標準，而以外地貨幣之單位，表示本港貨幣之價格。例如港幣一元等於英幣若干便士；港幣一百元，等於美幣若干；港幣一百元等於法幣若干法郎；或港幣一百元等於中國國幣若干元是也。

（2）『應付匯價』（GIVING QUOTATION）　以外埠貨幣為標準者，謂之『應付匯價』。易言之，即以一定數量之外埠貨幣為標準，而以香港貨幣之單位，表示外埠貨幣之價格。例如泰國（即暹羅）貨幣一百銖，等於港幣若干元是也。

第三節　匯價變動之單位

匯價之或漲或跌，其變動之單位，通常係以小數（DECIMAL）或分數（FRACTION）表示之。漲落之單位，自厘位以下，其遞加遞減，大都以一毫二忽半為單位。換言之，即多以八分之一厘為遞加遞減之單位。

香港金融市場中，習俗稱此單位為一個『咽』。『咽』字係從英語EIGHT而來，意即『八』。故一個『咽』，即英語之ONE-EIGHTH，意即分數八分之一，亦即小數〇・一二五也。單位之二分之一，為半個『咽』，即分數十六分之一，亦小數〇・〇六二五也。

港中金融界中，更有習稱半個『咽』曰二個『刻』者；按『刻』字係從英語QUARTER一字而來，意即四分之一。故對一個『咽』而言：稱分數六十四分之一或小數〇・〇一五六二五為半個『刻』；稱分數三十二分之一或小數〇・〇三一二五為一個『刻』；稱分數十六分之一或小數〇・〇六二五為二個『刻』；稱分數三十二分之三或小數〇・〇九三七五為三個『刻』；稱分數八分之一或小數〇・一二五為四個『刻』，即一個『咽』也。

第四節　匯價變動之原因

匯價變動之基本原因，果純自金融立場言，不能脫離供需律之原理，茲簡言之：(1)國際金融之流動，實為匯價漲落不定之大因。國際金融市場上，對於某種貨幣或匯票之需要殷迫，則該種貨幣之對外匯價必昂；反是則必賤。(2)國際貿易之逆順，恆使匯價有上下之影響。一地之貿易入超（UNFAVOURABLE TRADE OF BALANCE），則本埠外匯，必為求多於供；

求多於供，而匯市漲。反之，一地之貿易出超（FAVOURABLE TRADE OF BALANCE），則本埠外匯，必為供多於求；供多於求，而匯市落。由是觀之，在常情之下，進口貨旺盛季節，外匯大都上漲；出口貨旺盛季節，外匯大都下落也。(3)貨幣本位之互異，亦係外匯變動之因素。各國之中，用銀用金各有，故外匯之起落，每受金銀比價漲落之影響。

匯價變動之連帶原因，若外匯投機之關係，國際政治經濟之牽動，軍事之紛擾，貨幣政策之變更，皆有影響於外匯市；且其勢力亦頗雄厚，殊不遜乎金融方面之力量也。

第五節 匯豐銀行外匯掛牌之說明

一、匯豐掛牌在金融市場上之地位 香港金融市場之外匯買賣，悉以匯豐銀行外匯掛牌價格為轉移。故匯豐之牌價，殊有左右香港外匯市之力量。惟香港外匯正式行情，雖以匯豐掛牌為當日外匯買賣之標準；然外匯實際交易，仍須以當日香港外匯供求情形是視，並隨之而稍有起落，未可執一而論也。

二、掛牌公佈之時間

滙豐銀行掛牌，除普通休息日及銀行假期外，例於每日上午九時三十分左右公佈，是曰初次掛牌；果當天外滙行情變動較劇，則尚有第二次或第三次之掛牌揭曉。滙豐銀行掛牌滙價，係參照倫敦金融市場之外滙行情；按香港與倫敦間，晝夜互異，故二地有八小時許相差之時間，香港原僅能採用倫敦前一日之行情。此項滙市行情電報報告，例於每日開市前，即已到達香港。

三、掛牌滙價計算之根據

香港對各國滙價之計算方法，滙豐銀行即根據倫敦對各國之滙兌平價，然後以倫敦對港滙之暫定平價（PARITY），應用間接方法計算出香港對各該國之滙價。此項計算所得之滙價，即為銀行電滙，或稱掛牌行情（OFFICIAL RATE）。惟實際上之市場行情（MARKET RATE），除根據此價格為標準外，並依市面供需情形之如何而有高低。

四、銀行賣價與銀行買價

掛牌行情，即銀行賣價（BANKS' SELLING RATE），而非為銀行買價（BANKS' BUYING RATE）。銀行賣價、係指銀行與銀行間或銀行與進出口商所買賣之匯價。申言之，銀行在香港收入現款，售出外匯，於該款匯往之目的地，並照電匯、即期、長期等類別，在相當期間付以外幣，此項外匯賣出之市價，曰銀行賣價。至於銀行買價，則係銀行買進之外匯市價，亦即銀行購買商業匯票或長期匯票（如三個月期，四個月期，五個月期等）之價格。換言之，銀行在香港付出現款，購入外匯，送至外埠收款地點，於到期時，收入外幣，此項外幣買進之市價，曰銀行買價。按銀行買價，大多較當日同類匯票之賣價為低宜；而銀行賣價，又較當日同類匯票之買價為昂貴。銀行買價與銀行賣價間所以發生差額者，良以銀行買進匯票，須將手續費、銀行相當利益、郵費、匯票輸送期間內之利息等等計算在內者也。抑有進者，銀行所購進者為商業匯票，而其所售出者，則係銀行匯票。就其信用而言，前者實遠遜乎後者。且商業匯票於未兌收現款以前，尚須負担危險，故其價格之較低也宜矣。

五、匯豐外匯掛牌舉例及簡釋

匯豐銀行外匯掛牌之文字為英文；茲將原文列後，並附以簡單說明之譯文：

Hongkong & Shanghai Banking Corporation

Exchange Quotation

9th May, 1939

SELLING

T/T London	1/2	11/16
Demand London	1/2	11/16
T/T Shanghai	177	
T/T Singapore	52	9/16
T/T Japan	105	
T/T India	81 3/4	
T/T U. S. A.	28 5/8	
T/T Manila	57 1/2	
T/T Batavia	53 3/8	
T/T Bangok	151 1/4	
T/T Saigon	107 3/4	
T/T France	1080	
T/T Germany	71 1/4	
T/T Switzerland	127	
T/T Australia	1/6	5/16

BUYING

4 m/s L/C London	1/2	31/32
4 m/s D/P do.	1/3	
4 m/s L/C U. S. A.	29	3/16
4 m/s France	1122	
30 d/s India	83 1/4	

Bar Silver — " Ready "	20	5/16
do. — " Forward "	20 1/8	
U. S. Cross Rate in London	4.68 1/8	

126

匯豐銀行掛牌匯價

一九三九年五月九日

銀行賣價

倫敦（英京）電匯	港幣一元折合	英幣一司令二便士六八七五
倫敦即期	港幣一元折合	英幣一司令二便士六八七五
上海電匯	港幣一百元合	中國國幣一百七十七元
新嘉坡（石叻）電匯	港幣一百元合	叻幣五十二元五六二五
日本電匯	港幣一百元合	日幣一百零五圓
印度（勞啤）電匯	港幣一百元合	印幣八十一羅比七五
美國（花旗）電匯	港幣一百元合	美幣二十八元六二五
馬尼剌（小呂宋）電匯	港幣一百元合	菲幣五十七批索半
巴達維亞（八打威）電匯	港幣一百元合	荷幣五十三盾三七五
盤谷（泰國即暹羅）電匯	泰幣一百銖合	港幣一百五十一元二毫半
西貢（安南）電匯	港幣一百元合	越幣一百零七元七五
法國（佛冷）電匯	港幣一百元合	法幣一〇八〇法郎
德國電匯	港幣一百元合	德幣七十一德馬克二五

瑞士電匯	港幣一百元合	瑞士幣一式七瑞法郎
澳洲(雪梨)電匯	港幣一百元合	澳幣一司令六便士三二一式五

銀行買價

四個月期倫敦信匯	港幣一元折合	英幣一司令式便士九六八七五
四個月期倫敦押匯	港幣一元折合	英幣一司令三便士
四個月期美國信匯	港幣一百元合	美幣二十九元一八七五
四個月期法匯	港幣一百元合	法幣一一式二法郎
三十天期印匯	港幣一百元合	印幣八十三羅比二五
近期銀價	每一安士值	英幣二十便士三二一式五
遠期銀價	每一安士值	英幣二十便士一式五
英美套匯(告羅士)	每一英鎊值	美幣四元六角八分一式五

以上說明，意有未盡，茲再言之：(1)匯豐銀行掛牌匯價，其匯價表示之方法，除對泰國(暹羅)首都盤谷之匯兑採用『應付匯價』(GIVING QUOTATION)，而以泰幣為標準者外，對於其他各國或各埠匯價，概採用『應收匯價』(RECEIVING QUOTATION)，而以香港貨幣為標準。(2)匯豐銀行掛牌匯價行市表中所列之英文簡字：若T/T之代表英語 TELEGRAPHIC

TRANSFER二字，意卽電匯；M/S乃英語MONTHS之簡寫，意卽年月日之月字；L/C代表英語之LETTER OF CREDIT，意卽信用證書，乃信用匯票之一，指以對人信用為基礎之商業匯票；D/P代表英語之DOCUMENTS AGAINST PAYMENT BILL，卽押匯支付匯票，乃押匯匯票之一，指以對物為基礎之商業匯票。（3）英美套匯市價，指倫敦金融市場之行情而言；套匯乙詞，表中原文為CROSS，香港金融界通稱之曰『告羅士』，蓋取其原文之譯音也。

第六節　路透社海外匯市之解釋

一、路透社商務電訊之重要地位

路透社（REUTERS LTD.）係世界著名之一大通訊社；歷史悠長，消息迅捷，信用宏厚；舉世莫與之京。是故國際風雲之變幻，世界經濟之盈虛，路透社對於是項消息，輒盡其報道之能事。該社總機關在倫敦；世界各重要都市，莫不有分社之設。香港為遠東一大名港，且係華南金融之中心，故路透社香港分社，關於商務電訊之供給，頗為注意。香港華文日報經濟新聞欄中，其有路透社電訊之刊載，以大公報較為周備。英文日報商業版之金融電訊來源，除一小部份採自美聯社（UNITED PRESS）外，仍以路透社所供給者，為量較豐。由是可見路透社商務電訊在金融報道地位上之重要也。

二、路透社海外匯市之舉例及簡釋

今以二十八年五月六日大公報經濟界欄中路透社之前一天（五日）海外匯市行情為例：

倫敦外匯

紐約	四六八·一弍
巴黎	一七六·七一
柏林	一一·六六½
上海	八·3/16
香港	一·弍3/16
新嘉坡	二·三9/16
孟買	一·五3/16
暹邏	一·一〇¼

荷蘭	八．七七½
比利時	二七．五一
義大利	八八．九八
瑞士	二〇．八六

紐約外匯

倫敦	四．六八⅛
柏林	四〇．一三
荷蘭	五三．三七½
巴黎	二．六四⅞
比利時	一七．〇〇
義大利	五．二六¼
瑞士	二式．四四½
瑞典	二四．一式
挪威	式三．五二
丹麥	二〇．九〇
上海	一六．一五

▲上海外匯

英匯近期	八・二五〇〇
五月期英匯	八・弍一八七五
六月期英匯	八・一七一八七五
七月期英匯	八・〇六二五〇
美匯近期	一六・〇六二五〇
五月期美匯	一六・〇〇〇〇〇
六月期美匯	一五・九〇六二五
七月期美匯	一五・八一弍五〇

▲巴達維亞外匯

倫敦	八・七五三/八
紐約	一・八七[illegible]
香港	五四・〇〇
上海	三〇・[illegible]
荷蘭	九九・一/八

▲**新嘉坡外匯**

上海	二九・一/十六
倫敦	二・三三/十六
紐約	五四・一/四
香港	五三・一/四
爪哇	一〇一・三/八

▲**孟買外匯**

倫敦	一・五三/三十二
紐約	二八六・一/四
上海	四八・〇〇
香港	八四・一/二

根據上列匯市報告，略作簡單之說明如后：

▲**倫敦外匯**

紐約　英幣一鎊……………………合美幣四元六角八分一厘二

巴黎　英幣一鎊……合法國幣一七六法郎（FRANC）七十一生丁（CENTIME）

柏林　英幣一鎊……合德幣十一德馬克（REICHSMARK）六十六分尼（PFENNING）半

上海　英幣八便士三一式五……合中國國幣一元

香港　英幣一司令二便士八一式五……合港幣一元

新嘉坡　英幣二司令三便士九〇六二五　合叻幣一元

孟買　英幣一司令五便士九三七五　合印幣一羅比（RUPEE）

暹邏　英幣一司令十便士三五……合泰幣一銖（BAHT或TICAL）

荷蘭　英幣一鎊……合荷幣八盾（GUILDER或FLORIN）七十七仙半

比利時　英幣一鎊……合比幣二十七比爾加（BELGA）五十一生丁（CENTIME）

義大利　英幣一鎊……合意幣八十八利拉（ITALIAN LIRE）九十八生的西美（CENTESIMI）

瑞士　英幣一鎊……合瑞幣二十瑞法郎（SWISS FRANC）八十六生丁（CENTIME）

▲紐約外匯

倫敦　美幣四元六角八分一式五……合英幣一鎊

柏林	美幣四十元零一角二分……	合德幣一百德馬克（REICHSMARK）
荷蘭	美幣五十三元三角七分半……	合荷幣一百盾（GUILDER 或FLORIN）
巴黎	美幣二元六角四分八七五……	合法國幣一百法郎（FRANC）
比利時	美幣十七元……	合比幣一百比爾加（BELGA）
義大利	美幣五元二角六分二五……	合意幣一百利拉（ITALIAN LIRE）
瑞士	美幣二十二元四角四分半……	合瑞士幣一百瑞法郎（SWISS FRANC）
瑞典	美幣二十四元一角二分……	合瑞典幣一百克倫（KRONER）
挪威	美幣二十三元五角二分……	合挪幣一百克倫（KRONER）
丹麥	美幣二十元九角……	合丹幣一百克倫（KRONER）
上海	美幣十六元一角五分……	合中國國幣一百元

▲上海外匯

英匯近期	華幣一元……	合英幣八便士二五
五月期英匯	華幣一元……	合英幣八便士式一八七五
六月期英匯	華幣一元……	合英幣八便士一七一八七五
七月期英匯	華幣一元……	合英幣八便士〇六二五
美匯近期	華幣一百元……	合美幣十六元零六分二五

五月期美匯　華幣一百元……合美幣十六元

六月期美匯　華幣一百元……合美幣十五元九角〇六二五

七月期美匯　華幣一百元……合美幣十五元八角一分二五

▲巴達維亞（八打威）外匯

倫敦　荷幣八盾七十五仙七五……合英幣一鎊

紐約　荷幣一盾八十七仙一式五……合美幣一元

香港　荷幣五十四盾……合港幣一百元

上海　荷幣三十盾一式五……合中國國幣一百元

荷蘭（荷京）　荷幣（荷屬）九十九盾八七五……合荷幣（荷京）一百盾（GUILDER或FLORIN）

▲新嘉坡外匯

上海　叻幣二十九元六八七五……合中國國幣一百元

倫敦　叻幣一元……合英幣二司令三便士八四三七五

紐約　叻幣一百元……合美幣五十四元二角五分

香港　叻幣五十元二角五占……合港幣一百元

爪哇　叻幣一百元……合荷幣一百零一盾（GUILDER）三七五

倫敦　印幣一羅比……………………合英幣一司令五便士九〇六二五
紐約　印幣弍百八十六羅比二五……合美幣一百元
上海　印幣四十八羅比……………合中國幣一百元
香港　印幣八十四羅比半…………合港幣一百元

第七節　外匯市新聞舉例

以次外匯市情報告二則，係擇錄自香港各日報中者：

（甲）二十八年四月二十八日大公報經濟界：

暹匯牌價稍縮

其餘匯價均高漲

英滙美滙市况先穩後趨緊

申滙市仍略淡銀行多拋出

昨本港外匯，開倉牌價，除暹匯縮三咽，即一五一・六二五〇外，其餘各匯牌價，俱告高漲。計英匯漲・〇三一式五，美匯漲半咽，即二八・五六二五，菲匯漲一咽，即五七・三七五〇，荷匯漲一咽，即五三・六二五〇，申匯漲四咽，即一七六・五〇〇〇，法匯漲三生丁，即一〇・七八〇〇，德匯漲一咽，即七一・一式五〇，叻匯漲一咽，即五二・五〇〇〇，印匯漲兩咽，即八一・六二五〇，越匯漲兩咽，即一〇七・五〇〇〇，瑞匯漲兩咽，即一二七・〇〇〇〇，澳匯漲半咽，即一〇六・二五〇〇。查是日上午英匯市況，初時穩定，隨以需求略多，市況趨緊，美匯市亦如是，下午援例停市。至於申匯，上午市況仍略淡，銀行拋出頗多，約達七十餘萬元，下午援例停市。茲將前昨兩日牌價，列表如下：

(國別)	(前日價)	(昨日價)	(比較)	(伸港幣)
英匯	一〇三・六二五〇	一〇三・六五六二五	漲〇三一二五	每鎊值十六元三二八
申匯	一七六・〇〇〇〇	一七六・五〇〇〇	漲四咽	每元值五毛六〇〇
叻匯	五二・三七五〇	五二・五〇〇〇	漲一咽	每元值一元九〇五
印匯	八一・三七五〇	八一・六二五〇	漲兩咽	每個值一元二式三
美匯	二八・五〇〇〇	二八・五六二五	漲半咽	每元值三元五〇一
法匯	一〇・七五〇〇	一〇・七八〇〇	漲〇三	每個值九仙二八〇
菲匯	五七・二五〇〇	五七・三七五〇	漲一咽	每元值一元七四五

德匯	七一·〇〇〇〇	七一·一二五〇	漲一咽	每個值一元四〇六
越匯	一〇七·五〇〇〇	一〇七·五〇〇〇	漲兩咽	每元值九毛二八〇
暹匯	一五三·〇〇〇〇	一五一·六二五〇	漲三咽	每銖值一元五一六
荷匯	一五三·五〇〇〇	一五三·六二五〇	漲一咽	每盾值一元八六五
瑞匯	一二六·七五〇〇	一二七·〇〇 〇	漲兩咽	每個值七毛八七四
澳匯	一〇六·一八七五	一〇六·二五〇〇	漲半咽	每鎊值十三元一五

查開倉後：萬國銀行購進花旗電二萬元，價為二八·七五〇〇（五月三日期）；渣打銀行購進暹羅紙一千銖，價為一四九·〇〇〇〇，又什鎊紙二百鎊，價為一〇六·八一二五，華僑銀行購進石叻紙四千元，價為五三·四三七五；安達銀行售出荷蘭電二千五百盾，價為五三·八一二五，又售花旗電十一萬元，價為二八·七五〇〇（本月期），及二八·六八七五（五月期）；華僑銀行售石叻電一萬一千五百元，價為五二·八一二五。荷蘭銀行（按即荷蘭小公銀行）售出荷蘭電二萬盾、價為五三·七五〇〇。

英匯　昨早開倉後，市況穩定：由上午開市至上午收市時止，半日過程中，十一月期、九月期、及七月期俱稍有成交，價格均為一〇二·七五〇〇。上午收市時，因買戶較多，市況趨緊，四月期至十月期賣家價為一〇二·七一八七五，十一月期至十二月期一〇二·六八七五，四月期至十月期買家價則為一〇二·七五〇〇，十一月期至十二月期一〇二•七一八七五。下午援例停市。

美匯　昨晨開市後，市況平穩，由上午開市至上午收市時止，半日過程中，五月期稍有成交，價為二八•七五〇〇。上午收市時買戶頗衆，市況趨緊，賣戶不甚多，四月期價為二八•七五〇〇，五月期二八•六八七五，六月期二八•六二五〇，七月期二八•五六二五，八月期二八•五〇〇〇，九月期二八•四三七五。現貨買家價則為二八•八一二五，五月期二八•七五〇〇，六月期二八•六八七五，七月期二八•六二五〇，八月期二八•五六二五，九月期大概亦願以二八•五〇〇〇〇之價吸進。下午停市。

中匯　昨晨申電交易所，約成什電十五萬元，價為一七九•〇〇及一七九•〇六二五，會後又成什電二萬元，價為一七八•八一弍五。大通及華僑兩銀行共售出申電二十九萬元，價為一七八•八七五〇；廣東及華僑兩銀行共售出六萬元，價為一七八•七五〇〇；渣打銀行拋出七萬元，價為一七八•七五〇〇（七月期）；華僑、廣東及中南三銀行共售出二十萬元，價為一七九•〇〇。至於西商市，上午近期賣家價為一七八•六二五〇。下午援例停市。

（乙）二十八年五月十一日循環日報經濟新聞欄：

昨日港外滙

荷滙牌價續降

倉後英美滙平穩申滙沉靜

昨日本港外滙，上午銀行開倉掛牌除荷滙縮一二五，即五三•二五〇〇外，其餘牌價均無變動。開倉後西人市英美滙均平穩，金條成交一千三百餘安士，價照舊，申滙市況沉靜，銀行全日成交申滙僅十餘萬。茲將昨日港外滙牌價錄后：

(國別)	(牌價)
英滙	仍爲一〇二•六八七五
美滙	仍爲二八•六二五〇
德滙	仍爲七一•二五〇〇
法滙	仍爲一〇•八〇〇〇
澳滙	仍爲一〇六•三一弍五
越滙	仍爲一〇七•七五〇〇

香港金融

遲滙　仍爲一五一・二五〇〇
叻滙　仍爲五二・五六二五
荷滙　仍爲五三・二五〇〇
印滙　仍爲八一・七五〇〇
菲滙　仍爲五七・五〇〇〇
瑞滙　仍爲一弍七・〇〇〇〇
中滙　仍爲一七七・〇〇〇〇

昨日上午銀行買賣成盆行情：華僑入叻紙四千元，價爲五三・五〇〇〇，又入英滙五千鎊，價爲一〇二・八一弍五，又沽荷滙八千盾，價爲五三・五六二五。安達入荷紙一萬盾，（另佣）價爲五四・一八七五、荷蘭沽印滙三萬五千個，價爲八二・一二五〇，法國沽越滙一萬元，價爲一〇八・二五〇〇。東亞沽什鎊紙二千鎊，價爲一〇六・八四三七五。東亞渣打運通滙豐萬國共入美滙三十七萬元，價爲二八・八七五〇。茲將開倉後西人市英美滙買賣價錄后：

英滙　西人市英滙賣家現貨至九月期價爲一〇二・七八一弍五，至十一月期價爲一〇二・七五〇〇。買家現貨要價爲一〇二・八一弍五，至十月期要價爲一〇二・七八一弍五，至十二月期要價爲一〇二・七五〇〇，收市時仍照舊。銀行入通天司令單（按　即國際間通用之英滙票，價爲一〇二・八四三七五，渣打滙豐司令票價爲一〇二・八七五〇。

美匯　西人市美匯賣家現貨至五月期價爲二八・八一弍五，至六七月期價爲二八・七五〇〇。買家現貨要價爲二八・八七五〇，至六月期要價爲二八・八一弍五，至八月期要價二八・七五〇〇，收市時仍照舊。銀行入通天大金單（按，卽國際間通用之美匯票），價爲二八・九三七五。

申匯　是日交易所共成什申匯十二萬，價爲一七九・五六二五　開倉後華僑入申匯二萬元，價爲一七九・七五〇〇，又沽申匯二萬元，價爲一七九・四三七五；華僑中南共沽申匯一萬元，價爲一七九・三七五〇；下午華僑沽申匯五萬元（七月期），價爲一八〇・五〇〇〇，後按價爲一七九・三七五〇。

第六章　股份行情

第一節　香港各類股份概況

香港股份市場之買賣中心，以香港股份總會（HONGKONG STOCK EXCHANGE）及香港股份經紀會（HONGKONG SHAREBROKERS' ASSOCIATION）為主。股份市場之買賣工具，則為本港或外埠各企業之股票。目下交易上較普遍之股票，計有下列各類，茲分述之如次：

（1）銀行類　是類之股票，有匯豐（香港註冊股及倫敦註冊股），渣打，有利，東亞，國民商業儲蓄等銀行之股票。

（2）保險類　有諫當燕梳，於仁燕梳，旗昌燕梳，渣甸燕梳（即香港火燭保險公司）等保險公司之股票。

（3）航業類　如德忌利士，省港澳，於仁水艇等船公司之股票。

（4）船塢貨倉類　計有九龍貨倉，均益貨倉，黃浦船塢，上海船塢，上海瑞溶新機器廠等企業之股票。

(5)鑛務類　計有香港鑛務，笠金鑛，開滦，菲律濱各種鑛公司等之股票。

(6)房地產及旅館類　有香港酒店，香港置地，香港實業信託，堪富利士等之股票

(7)紗廠類　如上海怡和，上海，上海永安，上海申新等紗廠之股票。

(8)公用企業類　有香港電車，九龍汽車，山頂纜車，香港電燈，九龍電燈，香港電話，天星小輪。油蔴地小輪，中華電燈、澳門電燈，山打根電燈等公用企業之股票。

(9)實業類　若廣州雪廠、香港蔴纜，青州英坭：牛奶公司，屈臣氏，惠保路打椿公司，上海南洋兄弟煙草，廣生行等實業公司之股票。

(10)百貨商店類　有連加刺佛，先施公司，香港永安，上海永安等百

貨商店之股票。

(11)雜類　有中華娛樂置業，香港建新，香港馬士文，倫敦馬士文之股票；及有價證券如香港政府四厘公債票，香港政府三厘半公債票等。

第二節　股份市價變動之原因

香港股份貿易市場，以各企業之股票為主要之買賣主體。其市價之一起一落，迨與股票本身及市場各方面有關，茲將其市價漲落之原因，條陳於次：

(1)商業之原因　商業與金融，唇齒相依，至為表裏；故股份市價之漲落，莫不與商業之盈虛有關。當商業繁盛時，投資途徑至廣，富者多拋脫股票，爭相投資於其他事業；且因現金及信用之需要，日以增加，金融界購進股票，已乏餘資，故股份市價，隨之步落。方商業式微之際，擁有巨產者，又苦投資無門，遂多購進股票，以供生息，當此之時，現金及信用之需要減少，金融界對於股票投資，已有餘資購進，故股份市價，遂欣欣向榮矣。

(2)利率之原因　股份之市價，往往隨市場利率之高低而轉移。利率高，則股份市價跌；利率低，則股份市價漲。蓋凡以餘資購進股票而生息者，倘遇市場利率高於股票生息時，必爭相拋脫股票，換取現金，移作銀行存款，於是股份市價，勢必跌落。反之，如市場利率，低於股票之生息時，則投資者又必爭相提支銀行存款，改購股票，在此情形之下，股份市價，自必步昇也。

(3)金融之原因　金融之緩急，足以左右股份之市價。設市面平靜，金融寬裕，則社會相率投資於長期資金市場，故股份市價告漲。反之，市場金融之流通，至形短絀，則社會紛紛拋售股票，以冀換取現金，故股份市價必落。

(4)心理之原因　所謂心理之原因，換言之，即投機之原因是也。按股份市價之漲跌，恆因『炒家』或投機家之操縱而受影響。苟『好友』勢盛，一買再買，竭力吸收，則股份市價因之大漲。設『淡友』勢張，一賣再賣，竭力放出，則市價因之而跌。

（5）連帶之原因　此外關於股份市價變動之間接原因，若國際之風雲，財政之變動，軍事之影響，一切意外事件之發生，莫不在在與股份市價之漲落有關者也。

以上所列各因，僅舉其犖犖大者，略示一斑而已。良以股份市價之起跌原因，一若其他金融市情，綜錯複雜，變幻萬端，斷難衆端畢舉，包羅無遺者也。

第三節　股份市新聞舉例

香港各日報經濟專欄，對於股份市情之報告，詳簡不一，茲擇錄二則於次：

（甲）二十八年三月七日星島日報經濟新聞欄關於前一天香港股份行情之紀述：

股票市尚稱堅定

各公司股息略高投機者紛紛吸進

小資本投機者多望恢復期貨買賣

昨日本港股份市情，尚稱堅定，此因日來各公司行將開派股息，且較上年者略多，投機者紛紛吸進，股價因之漸漲，買家仍願意購進。查昨日成交數量，以股份經紀會及股份總會合計，共八千零九十股，總值十三萬三千二百七十九元強。以股份經紀會方面言：成交數量以香港匯豐銀行股為多，計共十股，每股價為一千四百元。香港酒店股共成一千五百股，每股價為六元八毛半。屈臣氏股共成一千股，每股價為七元九毛。九龍電燈舊股先成一百股，每股價為八元八毛半，後又成五百股，每股價為八元八毛。牛奶公司股共成二十五股，每股價為二十六元二毛半。以股份總會方面言：成交數量亦以香港匯豐銀行股最多，價計一千四百一十元。牛奶公司股共成八百七十五股，每股價為廿六元半。屈臣氏股共成一千九百二十五股，每股價為七元九毛。九龍貨倉股共成九十七股，每股價為一百十九元。香港酒店股共成一千五百股，每股價爲六元八毛半。九龍電燈舊股共成五百股，每股價爲八元七毛。諫當燕梳股共成三十股，每股價爲二百二十一元。除此之外，如香港電車、青洲英坭、黃埔船塢（新股及舊股）、香港電燈、實業信託、蔴纜公司等股，買家仍頗衆，但存有此種股票之投機者俱不願照價拋出。又據一般投機者之意見，以爲現在市場，全受某數大資本投機者所操縱，小資本投機者幾無活動機會，若非恢復期貨買賣一如三年前小資本投機者亦有活動機會者，則市況難望有活躍可能云。茲將是日成盆價，買盆價及賣盆價錄下：

▲成盆

股份名	港元
（甲）股份經紀會方面	
屈臣氏	七·九〇
香港酒店	六·八五
九龍電燈（舊股）	（先）八·八五
同上	（後）八·八〇
牛奶公司	二六·二五

香港匯豐銀行	一四〇〇·〇〇

(乙)股份總會方面

香港酒店	六·八五
牛奶公司	二六·五〇
屈臣氏	七·九〇
九龍電燈(舊股)	八·七〇
諫當燕梳	二弍一·〇〇
九龍貨倉	一一九·〇〇
香港匯豐銀行	一四一〇·〇〇

▲買盆

實業信託	五·二〇
香港電車	一六·九〇
蔴纜公司	四·一〇
香港電燈	五八·六〇
笠金鑛	八·二五
渣甸燕梳	一八五·〇〇

香港置地公司	三六・六〇
油蔴地小輪(舊股)	二三・五〇
山打根電燈	一〇・四〇
廣州雪廠	一・〇〇
屈臣氏	七・九〇
青洲英坭	一五・九〇
黃埔船塢(舊股)	一七・二五
黃埔船塢(新股)	一六・七五
諫當燕梳	二弍〇・〇〇
九龍貨倉	一一八・〇〇
香港永安公司	四一・五〇
中華娛樂公司	七・〇〇
惠保路打椿公司	六・五〇
九龍電燈(舊股)	八・七五
同　上(新股)	五・七五
香港匯豐銀行	一三九〇・〇〇

▲賣盆

香港電車　一七・二〇

（乙）二十八年五月七日大公報經濟界欄對於前一天（六日）本港股份市情之紀錄：

買戶雲集市場

股票扶搖直上

半日成交逾十二萬元

滙豐銀行股買賣最多

昨上午本港股票市況：扶搖直上，市面買戶雲集，如香港電車、均益貨倉、黃埔船塢、九龍電燈舊股、香港滙豐銀行等股，尤爲買戶所矚目者。其所給價值較上日再略高昂，存戶亦多感滿足，頗多拋出，統計由上午開市至上午收市時止，半日過程中，成交數量，頗有可觀，以股份經紀會及股份總會合計，共四千八百九十一股，總值達十二萬三千一百零七元半。其中以香港匯豐銀行股票、香港電車股票及九龍電燈舊股爲多。股份經紀會方面，成交以香港電車股票較多，計共成四百股，每股價爲十六元五毛。九龍電燈舊股共成五百股，每股價爲八元三毛　於仁保險股票共成五股，每股價爲四百四十元。有等投機者擬吸進屈臣氏股票五百股，每股給價七元三毛，但無人願意照價拋出。又有等投機者擬購進中華娛樂公司股票五百股，惟亦無人願意照價售出。至於股份總會方面，成交以香港匯豐銀行股票較多，計先成十股，每股價爲一千三百六十元．後又成十二股，每股價爲一千三百七十元。香港電車股票先成五百股，每股價爲十六元四毛半，後又成八百股，每股升價爲十六元五毛。九龍電燈舊股共成一千五百股，每股價爲八元三毛。黃埔船塢股票共成五百股，每股價爲十七元。均益貨倉股票共成五百股，每股價爲四元五毛。香港置地公司股票共成一百股，每股價爲三十三元二毛半。於仁保險股票共成六股，每股價爲四百四十二元五毛。牛奶公司股權票僅成五十股，每股價爲十五元。此外如德忌利士輪船、香港酒店、實業信託、澳門電燈、九龍貨倉、諫當保險、天星小輪、廣州雪廠及電話公司舊股等，仍有買戶，其所給價值，雖較上日者略高，惟存戶仍未允照價拋出。下午停市，茲將是日上午成盤價買賣家價格，分錄如下：

▲成盈價

單位港元

(一)股份總會方面

黃埔船塢	一七·〇〇
均益貨倉	四·五〇
香港電車	(先)一六·四五 (後)一六·五〇
香港置地公司	三三·二五
九龍電燈(舊股)	八·三〇
牛奶公司(股權)	一五·〇〇
香港匯豐銀行	(先)一三六〇·〇〇 (後)一三七〇·〇〇
於仁保險	四四二·五〇

(二)股份經紀會方面

九龍電燈(舊股)	八·三〇
香港電車	一六·五〇

於仁保險	四四〇・〇〇

▲買家價

黃埔船塢	一六・七五
堪富利士	七・二五
香港酒店	五・五〇
實業信託	五・一〇
香港電車	一六・二五
天星小輪	六五・〇〇
九龍電燈（舊股）	八・二五
同　上（新股）	五・二五
青洲英坭	二二・五〇
香港電燈	五五・五〇
於仁保險	四四〇・〇〇
德忌利士輪船	六七・〇〇
九龍貨倉	一〇一・〇〇
香港置地公司	三弍・七五

香港金融

澳門電燈	一六・六〇
諫當保險	二弍五・〇〇
山打根電燈	一弍・〇〇
廣州雪廠	一・〇〇
電話公司（舊股）	二弍・二五
牛奶公司 除股權）	二〇・七五
中華娛樂公司	六・五〇
香港匯豐銀行	一三六〇・〇〇
香港馬士文	四司令二便士

▲賣家價

九龍電燈（新股）	五・五〇
牛奶公司（除股權）	弍一・一五
於仁保險	四四二・五〇
香港匯豐銀行	一三八五・〇〇

附錄一

香港戰時金融之管理

統制外匯法令——國防金融法例——買賣英鎊之公告——華民政務司對華人銀號買賣貨幣及外匯之公告——金融電報之審查

第二次歐戰爆發，英政府為鞏固戰時金融起見，先後頒佈管理金融之種種措施。香港當局，遵照英京命令，並斟酌當地情形，亦先後頒佈金融法令多件，茲彙述其重要者如下：

一、統制外匯法令

A 普通部份

(一)一九三九年九月八日起，為維持英國外匯資源起見，除英鎊外，所有香港金融市場之各種通貨交易，實施限制；欲購外匯者，祇可由港政府授權之英籍重要銀行之一，或駐港營業外國銀行之一；而且此種外匯，須合於下列各條者，方許售出：

(甲)一九三九年九月三日以前所訂合約上之需要；

(乙)商業上合理之需要；

(丙)旅行上或其他個人之合理支付。至於所受限制之各種通貨，包括美國、法國、菲律賓、荷蘭、中國、阿根廷、加拿大、瑞典、挪威、瑞士、及比爾加各國通用銀幣。

(二)英鎊及與英鎊聯繫之貨幣交易，目前不在限制之列。

(三)公民商業交付，宜繼續由各家銀行以外匯辦理，外國小額匯票，目前仍許繼續辦理，所有授權之銀行，遇有荀買外匯者，必須查問清楚，與第一項所列各條相合；除非係重要商業上之需要，轉交外國貨者，礙難容許。

(四)一切紙幣、金幣、證券、及各國貨幣，未得官廳特許，嚴禁私運出口，如欲取特許證，須由銀行用書面聲請；香港紙幣及中國紙幣，則現由港督特許，目前皆可自由運出。

(五)每宗金幣交易，非有特許證，不得私自交易。

(六)政府授權之銀行各號將在憲報公布之。

B 英籍民部份

香港政府對外匯法例，重作闡明，確定僑港他國及華人，已入英籍者，其所有財產，應受戰時外匯法例限制。所有英籍民存有外幣及外國有價證券之轉移，須經當局核准。惟非英人或非英籍民者，則不在此限。中華民國國民，其僑居香港而不欲受該法例限制者，可向華民政務司領取證明書，以證實其確屬中華民國國民，則可免受該法例所限制。該項證明文件，寄付銀行，即可自由提出動用截至十一月杪止；倘逾期仍未有文件寄到，則由銀行自動將其所存外幣以時價申折換成港幣，任由存戶提取或繼續存款。

十二月初旬，政府復發表命令稱：照得憲示第七百九十九號所載，根據國防（金融）法例所頒一千九百三十九年九月十五日之命令，凡屬英籍人，包括所有在大英帝國註冊之公司及法團等，皆宜注意：其係有任何信用券，而該信用券之本金利息或股息，係以加拿大、美國、阿根廷、比利時、法蘭西、荷蘭、荷屬東印度、挪威、瑞典或瑞士等之通行貨幣支付者，均須呈報政府，報明各項詳情，並聲敘該信用券等現時係存在何處。凡有該項信用券，或有將該項信用券變易，而未報者，均須立即具報。至於已報而未接獲政府承認書者，亦須備具請求書，敘明其原日報告內之日期，向財政（兌換事務）副監理官請求給以承認書；合行通告，俾衆週知，此告。

C 特准辦理外匯之銀行及銀號

特准辦理外匯之銀行，經政府先後命令指定，共十九家，其中包括英、美、中、法、比、荷、日等國資本之銀行。計開：匯豐銀行，渣打銀行，有利銀行，通濟隆，大通銀行，萬國寶通銀行，美國運通銀行，法國東方匯理銀行，華比銀行，中國銀行，交通銀行，廣東銀行，廣西銀行，東亞銀行，華僑銀行，荷蘭小公銀行，荷國安達銀行，橫濱正金銀行，及臺灣銀行。此外續又指定華商銀號三十九家，准辦匯至中國區域之匯兌業務。

二、國防金融法例

A 一九三九年國防金融法例

本總督依一九三九年國防非常法權法案所授予之權力，即依一九三九年立法局之殖民地國防非常法權令所推行本殖民地者，並依本督所掌之一切他種法權，特頒布條例如下：

一、(一)未經本總督准許或委託，一切非受權者等，不得在本港對任何非受權者，買入或借入任何種外國貨幣或黃金，或貸出或借出任何種外國貨幣或黃金。

(二)本條例中所稱『受權者』，如對買賣黃金言，則係指總督授權或委託其買賣黃金者；如對買賣外國貨幣言，則係總督授權或委託買賣外匯者。

(甲)此條例不妨礙獲得找換牌照之找換店，在合法之普通營業上，找換外國金銀及外國紙幣。

（乙）在財政司註冊之任何中國地方銀行，不論為經政府授權辦理外匯與否，得照港督或其委託人所指定之限度，及在該情形下，出賣中國貨幣及匯往中國。

二、（一）根據港督命令，獲得例外照准者外，無論何人，如不得港督或其代表人之准許，不得：

（甲）由港攜出或寄出任何種銀行鈔票、通貨、法幣、黃金、證券、或外國貨幣，或由本港轉移任何之證券至他處。

（乙）提取或讓與任何種匯單或期票，轉移任何種證券．或接受任何債務，以至原定在港或在帝國內之收款權（不論為有形或無形），因而發生或轉移以下所言者：

（子）在港外或帝國外收款或提取物產之權；

（丑）有在港外或帝國外收款或提取貨物之權（不論為有形或無形）。

此節之規定，不適用於為本總督或其委任人所認可辦理之任何證券；而對此證券有權益之一切人等，除純粹委託人或在一九三九年九月八日以前所抵押，或管理該券者外，尚包括對該項證券保有利益之任何人等，均非英籍人。

（二）上述一條，對于本總督授權者或委託者，在其權限內辦理外匯及辦理如下用途之外匯，均不受限制：

（甲）為支付貿易或事業之合理需求；或

（乙）為履行一九三九年九月三日以前所訂之合約；或

（丙）為支付合理旅行或其他個人費用。

（三）任何人在離港前（以下稱旅客），如遇經管長官要求時，應：

（甲）報明有無攜帶任何銀行鈔票、郵政匯單、黃金、證券、或外國貨幣；

（乙）繳出其所攜帶之任何銀行鈔票、郵政匯單、黃金、證券、或外國貨幣。

經管長官可搜查該旅客所攜之任何物件，俾知該旅客是否攜有任何銀行鈔票、郵政匯單、黃金、證券、或外國貨幣，幷可將搜查或繳出所得者，予以沒收。其例外為：

(子)該官長對於該旅客之任何銀行鈔票、郵政匯單、黃金、證券、及外國貨幣，係照本例第一條所規定之限制獲得例外，而認為滿意者；

(丑)該旅客交出本總督所准許或委託之證書，證明旅客所有銀行鈔票、郵政匯單、黃金、證券、及外國貨幣之出口，確係與該條無牴觸者。

規定執行本條時，非女員不得檢查女客。

(四)關於任何由本港運往港外之貨物，該長官或担任該項職務之人員，可查驗或搜查之，俾悉其中有無挾入任何銀行鈔票、郵政匯單、黃金、證券、或外國貨幣。如發現時，幷得沒收之，除非出示經獲本總督准許或委託之證書，證明上述之銀行鈔票、郵政匯單、黃金、證券、或外國貨幣，無牴觸本法例第一條之規定。

（五）本條例規定：

（甲）一切非以金鎊支付之匯票及期票，皆為外匯；

（乙）『轉移』包含借貸或保證，任何人將證券自本港之登記，改為港外之登記，即作轉移論；

（丙）『經管長官』乃指任何關官，警官，或港政府依本條（三）（四）款所授權之人員。

為執行本條（一）款限制攜帶或寄出證券於本港之外，有關證券名號之文件，應與證券相俱，而指述本條（三）（四）款所指之證券，應載明上述之名稱文件。

三、（一）本法例施行後，本港每一居民，有任何黃金出售，應將或必須將該項黃金，售與香港政府或本總督派定執行本條例之人，其價格係由總督或其代表決定之。

上項規定，如遇下列情況，得免出售其黃金：

(甲)獲得本總督或執行法令人之滿意：

(子)對於該項黃金有權益之一切人等，係純粹之委託人，或純粹抵押人，或管理人，而於一九三九年九月三日以前所抵押，或管理者。並包括對該項黃金保有利益之任何人，均非為住在本港者；

(丑)該項黃金係在一九三九年九月三日以前所訂合約所需要者；

(寅)該項黃金係為本港內支付貿易或事業之合理需求，而非買賣黃金者；

(卯)輸入本港之黃金，係再行輸出而用以作為經常之黃金交易之週轉者，可再出口。

(乙)該人經本總督或其派定人所准許例外處理該項黃金者。

四、本殖民地之一九三九年國防法例諸種措施，應為履行及關顧此種條款而施行，庶幾引用該條款項即為引用此條款。

五、除另有需要外，本法例所列術語，僅依下列所指各義而言：

「銀行鈔票」乃指不列顛帝國或其屬部中之為法償之銀行券；

「外國貨幣」乃指英鎊以外之通貨；

「黃金」係指金幣或金塊；

「證券」包括股票、股券、債券、公司債券、庫券，惟不包括匯票或期票。

六、本法例稱為一九三九年國防金融法例。

港督閣下命令發表

港政府輔政司諾司

一九三九年九月八日。

B 修正一九三九年國防金融法例

一、十月十一日輔政司布告稱：總督根據一九三九年國防金融法例第二條所授予之權力，頒發命令，指定總督代表或受權於總督而從事經營外匯人員所簽發或其名下所應領取之支票，不受該法例第二條第一、第三、第四項之限制。

二、十月十一日輔政司布告稱：總督根據一九三九年緊急授權法國防部份所授予之權力，頒布修正一九三九年國防金融法例，增加一條文為該法例第三條丙項如下：

總督或總督授權執行本法例之人員，為實施本法例各項規定，得以對任何人頒發命令，指定該人在指定時間，依指定手續，向指定人員（如該命令有指定人員時）供給一切指定之情報，及繳呈任何有關係之薄記、賬目、或其他文件，以備檢查。此種程序，對於是項法例之任何特別規定，並無牴觸。

三、買賣英鎊之公告

A 第一部份

財政司為布告事：關於香港外匯交易管理處之成立，外匯基金委員會經定以一司令二又十六分之十三便士之價格賣出，以一司令三便士價格買入，作為三家發行紙幣之銀行所需要之任何數量之英鎊，該三家銀行（即匯豐、渣打、有利。）將負責賣出與各銀行及其他人等。由各銀行及其他人等買入，其價格規定，賣出不得在一司令二又三十二分之二十五便士以下，買入不得在一司令三又三十二分之一便士以上，即期交貨。據最近發表報告，外匯基金之財政狀況如下：在一九三八年十二月三十一日負債為一九一、一三四、八八七元，以一司令二又十六分之十三便士伸算，共有英幣一一、七九六、六〇六鎊；資產為英幣一三、〇三五、三七〇鎊。資產較負債超過百分之一百一十以上。特此佈告，仰各週知。

B第二部份

外匯交易管理處及外匯基金委員會，於十一月四日決定英鎊買賣價格，以一司令二又十六分之十三便士價格買入，為三家發行紙幣之銀行所需要之任何數量英鎊，至該三家銀行（即匯豐、渣打、有利）將負責賣出與各銀行及其他人等。但規定價格買入，不得在一司令二又三十二分之一便士以上，即期交易。

四、華民政務司對華人銀號買賣貨幣及外匯之公告

華民政務司為布告事：查華人銀號在於一九三九年國防金融法例下所處之地位，亟應明定辦法，俾資遵守，茲開列於後，仰華人各銀號一體週知，此布。

計開

（一）政府所訂下開條例，宜留意遵守：

凡外國貨幣與任何金銀，無論何人，除係法定認可者外，若未經督憲或代表督憲者許可，均不得在本港向未經法定認可之人購買或借用，亦不得售賣或借給與未經法定認可之人，惟此條之規定

，附有下開兩項：

（甲）凡領有找換牌照者，其平常合法經營找換外國錢幣及紙幣，不受本條例所拘束；

（乙）任何華人銀號，因本條例之規定，而經由財政監理官登記者，雖非屬法定認可買賣外國貨幣之人，亦可售賣中國貨幣，及將款項匯往中國，但必須遵照督憲或督憲委任人員所定之限制及規則。

（二）華人銀號如欲依照前述（乙）項之規定營業者，宜卽向財政監理官請求登記。請求書內須繕明下開各節：

（甲）銀號名稱；

（乙）投資人之姓名；

（丙）銀號地址；

（丁）分號之地址。

（三）政府訂有規則，凡經許可依照前述條例營業者，必須遵照下開規定依期呈報財政監理官：

（甲）按月呈報匯往中國款項之總數；

（乙）按日呈報每一次匯款之逾一萬元中國國幣者，此外須每次匯款若逾五萬元中國國幣，則必須先經財政監理官特為許可後，方得匯出；

（丙）凡有違犯國防金融法例者，得處以一萬元之罰金或兩年之監禁。

五、金融電報之審查

香港政府於十月二十八日發出通告，施行金融電報之審查，內容略稱：凡有諸式人等，如欲拍發關於金融電報，宜先將該電文呈交卞亞厘畢道（近花園道及砲台道）工務司署樓下，財政副監理核准。其呈交之時，宜帶同帳簿或其他證據，證明該電文內容，係與某項交易有關；若不遵照此項手續辦理，該電報或致延滯兩三天之久。

附錄二

香港銀行利率統計表

THE BANK RATE

1914 – 1932

年	月	日	利率	年	月	日	利率
1914	1	8	4 1/2%	1925	8	6	4 1/2%
		22	4 %		10	1	4 %
		29	3 %		12	3	5 %
	7	30	4 %	1927	4	21	4 1/2%
		31	8 %	1929	2	7	5 1/2%
	8	1	10 %		9	26	6 1/2%
		6	6 %		10	31	6 %
		8	5 %		11	21	5 1/2%
1916	7	13	6 %		12	12	5 %
1917	1	18	5 1/2%	1930	2	6	4 1/2%
	4	5	5 %		3	6	4 %
1919	11	6	6 %			20	3 1/2%
1920	4	15	7 %		5	1	3 %
1921	4	28	6 1/2%	1931	5	14	2 1/2%
	6	23	6 %		7	23	3 1/2%
	7	2	5 1/2%			30	4 1/2%
	11	3	5 %		9	21	6 %
1922	2	16	4 1/2%	1932	2	18	5 %
	4	13	4 %		3	10	4 %
	6	15	3 1/2%			17	3 1/2%
	7	13	3 %		4	21	3 %
1923	7	5	4 %		5	12	2 1/2%
1925	3	5	5 %		6	30	2 %

附錄三

英鎊折合港幣檢查表

（由英幣十便士至一司令四便士又三十二分之三十一便士止）

香港金融

匯價 EXCHANGE QUOTATION				一英鎊合港幣之數 £1 into H.K. DOLLARS
@ 10		d. 十便士	=	H.K. $24.00 000
10	1/32	d.	=	23.92 523
10	1/16	d.	=	23.85 093
10	3/32	d.	=	23.77 709
10	1/8	d.	=	23.70 370
10	5/32	d.	=	23.63 077
10	3/16	d.	=	23.55 828
10	7/32	d.	=	23.48 624
10	1/4	d.	=	23.41 463
10	9/32	d.	=	23.34 347
10	5/16	d.	=	23.27 273
10	11/32	d.	=	23.20 242
10	3/8	d.	=	23.13 253
10	13/32	d.	=	23.06 306
10	7/16	d.	=	22.99 401
10	15/32	d.	=	22.92 537
10	1/2	d.	=	22.85 714
10	17/32	d.	=	22.78 932
10	9/16	d.	=	22.72 189
10	19/32	d.	=	22.65 487
10	5/8	d.	=	22.58 824
10	21/32	d.	=	22.52 199
10	11/16	d.	=	22.45 614
10	23/32	d.	=	22.39 067
10	3/4	d.	=	22.32 558
10	25/32	d.	=	22.26 087
10	13/16	d.	=	22.19 653
10	27/32	d.	=	22.13 256
10	7/8	d.	=	22.06 897
10	29/32	d.	=	22.00 573
10	15/16	d.	=	21.94 286
10	31/32	d.	=	21.88 034

180

附錄三：英鎊折合港幣檢查表

匯價 EXCHANGE QUOTATION			一英鎊合港幣之數 £1 in'o H.K.DOLLARS
@ 11 d. 十一便士	=	H.K. $21.81	818
11 1/32 d.	=	21.75	637
11 1/16 d.	=	21.69	492
11 3/32 d.	=	21.63	380
11 1/8 d.	=	21.57	303
11 5/32 d.	=	21.51	261
11 3/16 d.	=	21.45	251
11 7/32 d.	=	21.39	276
11 1/4 d.	=	21.33	333
11 9/32 d.	=	21.27	424
11 5/16 d.	=	21.21	547
11 11/32 d.	=	21.15	702
11 3/8 d.	=	21.09	890
11 13/32 d.	=	21.04	110
11 7/16 d.	=	20.98	361
11 15/32 d.	=	20.92	643
11 1/2 d.	=	20.86	957
11 17/32 d.	=	20.81	301
11 9/16 d.	=	20.75	676
11 19/32 d.	=	20.70	081
11 5/8 d.	=	20.64	516
11 21/32 d.	=	20.58	981
11 11/16 d.	=	20.53	476
11 23/32 d.	=	20.48	000
11 3/4 d.	=	20.42	553
11 25/32 d.	=	20.37	135
11 13/16 d.	=	20.31	746
11 27/32 d.	=	20.26	385
11 7/8 d.	=	20.21	053
11 29/32 d.	=	20.15	748
11 15/16 d.	=	20.10	471
11 31/32 d.	=	20.05	222

香港金融

匯 EXCHANGE		價 QUOTATION		一英鎊合港幣之數 £1 into H.K. DOLLARS	
@	1/—	一司令	=	H.K. $20.00	000
	1/—	1/32	=	19.94	805
	1/—	**1/16**	=	19.89	637
	1/—	3/32	=	19.84	496
	1/—	**1/8**	=	19.79	381
	1/—	5/32	=	19.74	293
	1/—	**3/16**	=	19.69	231
	1/—	7/32	=	19.64	194
	1/—	**1/4**	=	19.59	184
	1/—	9/32	=	19.54	198
	1/—	**5/16**	=	19.49	239
	1/—	11/32	=	19.44	304
	1/—	**3/8**	=	19.39	394
	1/—	13/32	=	19.34	509
	1/—	**7/16**	=	19.29	648
	1/—	15/32	=	19.24	812
	1/—	**1/2**	=	19.20	000
	1/—	17/32	=	19.15	212
	1/—	**9/16**	=	19.10	448
	1/—	19/32	=	19.05	707
	1/—	**5/8**	=	19.00	990
	1/—	21/32	=	18.96	296
	1/—	**11/16**	=	18.91	626
	1/—	23/32	=	18.86	978
	1/—	**3/4**	=	18.82	353
	1/—	25/32	=	18.77	751
	1/—	**13/16**	=	18.73	171
	1/—	27/32	=	18.68	613
	1/—	**7/8**	=	18.64	078
	1/—	29/32	=	18.59	564
	1/—	**15/16**	=	18.55	072
	1/—	31/32	=	18.50	602

附錄三：英鎊折合港幣檢查表

匯價 EXCHANGE QUOTATION				一英鎊合港幣之數 £1 into H.K. DOLLARS	
@ 1/1		一司令一便士	=	H.K. $18.46	154
1/1	1/32		=	18.41	727
1/1	1/16		=	18.37	321
1/1	3/32		=	18.32	936
1/1	1/8		=	18.28	571
1/1	5/32		=	18.24	228
1/1	3/16		=	18.19	905
1/1	7/32		=	18.15	603
1/1	1/4		=	18.11	321
1/1	9/32		=	18.07	059
1/1	5/16		=	18.02	817
1/1	11/32		=	17.98	595
1/1	3/8		=	17.94	393
1/1	13/32		=	17.90	210
1/1	7/16		=	17.86	047
1/1	15/32		=	17.81	903
1/1	1/2		=	17.77	778
1/1	17/32		=	17.73	672
1/1	9/16		=	17.69	585
1/1	19/32		=	17.65	517
1/1	5/8		=	17.61	468
1/1	21/32		=	17.57	437
1/1	11/16		=	17.53	425
1/1	23/32		=	17.49	431
1/1	3/4		=	17.45	455
1/1	25/32		=	17.41	497
1/1	13/16		=	17.37	557
1/1	27/32		=	17.33	634
1/1	7/8		=	17.29	730
1/1	29/32		=	17.25	843
1/1	15/16		=	17.21	973
1/1	31/32		=	17.18	121

183

香港金融

匯價 EXCHANGE QUOTATION				一英鎊合港幣之數 £1 into H.K. DOLLARS	
@ 1/2	一司令二便士	=	H.K.	$17.14	286
1/2	1/32	=		17.10	468
1/2	1/16	=		17.06	667
1/2	3/32	=		17.02	882
1/2	1/8	=		16.99	115
1/2	5/32	=		16.95	364
1/2	3/16	=		16.91	630
1/2	7/32	=		16.87	912
1/2	1/4	=		16.84	211
1/2	9/32	=		16.80	525
1/2	5/16	=		16.76	856
1/2	11/32	=		16.73	203
1/2	3/8	=		16.69	565
1/2	13/32	=		16.65	944
1/2	7/16	=		16.62	338
1/2	15/32	=		16.58	747
1/2	1/2	=		16.55	172
1/2	17/32	=		16.51	613
1/2	9/16	=		16.48	069
1/2	19/32	=		16.44	540
1/2	5/8	=		16.41	026
1/2	21/32	=		16.37	527
1/2	11/16	=		16.34	043
1/2	23/32	=		16.30	573
1/2	3/4	=		16.27	119
1/2	25/32	=		16.23	679
1/2	13/16	=		16.20	253
1/2	27/32	=		16.16	842
1/2	7/8	=		16.13	445
1/2	29/32	=		16.10	063
1/2	15/16	=		16.06	695
1/2	31/32	=		16.03	340

184

附錄三：英鎊折合港幣檢查表

匯價 EXCHANGE QUOTATION			一英鎊合港幣之數 £1 into H.K.DOLLARS
@ 1/3	一司令三便士	=	H.K. $16.00 000
1/3	1/32	=	15.96 674
1/3	1/16	=	15.93 361
1/3	3/32	=	15.90 062
1/3	1/8	=	15.86 777
1/3	5/32	=	15.83 505
1/3	3/16	=	15.80 247
1/3	7/32	=	15.77 002
1/3	1/4	=	15.73 770
1/3	9/32	=	15.70 552
1/3	5/16	=	15.67 347
1/3	11/32	=	15.64 155
1/3	3/8	=	15.60 976
1/3	13/32	=	15.57 809
1/3	7/16	=	15.54 656
1/3	15/32	=	15.51 515
1/3	1/2	=	15.48 387
1/3	17/32	=	15.45 272
1/3	9/16	=	15.42 169
1/3	19/32	=	15.39 078
1/3	5/8	=	15.36 000
1/3	21/32	=	15.32 934
1/3	11/16	=	15.29 880
1/3	23/32	=	15.26 839
1/3	3/4	=	15.23 810
1/3	25/32	=	15.20 792
1/3	13/16	=	15.17 787
1/3	27/32	=	15.14 793
1/3	7/8	=	15.11 811
1/3	29/32	=	15.08 841
1/3	15/16	=	15.05 882
1/3	31/32	=	15.02 935

香港金融

匯價 EXCHANGE QUOTATION				一英鎊合港幣之數 £1 into H.K.DOLLARS
@ 1/4		一司令四便士	=	H.K. $15.00 000
1/4	1/32		=	14.97 076
1/4	1/16		=	14.94 163
1/4	3/32		=	14.91 262
1/4	1/8		=	14.88 372
1/4	5/32		=	14.85 493
1/4	3/16		=	14.82 625
1/4	/32		=	14.79 769
1/4	1/4		=	14.76 923
1/4	9/32		=	14.74 088
1/4	5/16		=	14.71 264
1/4	11/32		=	14.68 451
1/4	3/8		=	15.65 649
1/4	13/32		=	14.62 857
1/4	7/16		=	14.60 076
1/4	15/32		=	14.57 306
1/4	1/2		=	14.54 545
1/4	17/32		=	14.51 796
1/4	9/16		=	14.49 057
1/4	19/32		=	14.46 328
1/4	5/8		=	14.43 609
1/4	21/32		=	14.40 901
1/4	11/16		=	14.38 202
1/4	23/32		=	14.35 514
1/4	3/4		=	14.32 836
1/4	25/32		=	14.30 168
1/4	13/16		=	14.27 509
1/4	27/32		=	14.24 861
1/4	7/8		=	14.22 222
1/4	29/32		=	14.19 593
1/4	15/16		=	14.16 974
1/4	31/32		=	14.14 365

186

附錄四

美幣折合港幣檢查表

(由美幣二十元至三十三元又十六分之十五止)

匯價 EXCHANGE QUOTATION			美幣一元合港幣之數 U.S.$1.00 into H.K.DOLLARS	
@U.S.$20		=	H.K.$5.00	0000
20	1/16	=	4.98	4424
20	1/8	=	4.96	8944
20	3/16	=	4.95	3560
20	1/4	=	4.93	8272
20	5/16	=	4.92	3077
20	3/8	=	4.90	7975
20	7/16	=	4.89	2966
20	1/2	=	4.87	8049
20	9/16	=	4.86	3222
20	5/8	=	4.84	8485
20	11/16	=	4.83	3837
20	3/4	=	4.81	9277
20	13/16	=	4.80	4805
20	7/8	=	4.79	0419
20	15/16	=	4.77	6119
@U.S.$21		=	H.K.$4.76	1905
21	1/16	=	4.74	7774
21	1/8	=	4.73	3728
21	3/16	=	4.71	9764
21	1/4	=	4.70	5882
21	5/16	=	4.69	2082
21	3/8	=	4.67	8363
21	7/16	=	4.66	4723
21	1/2	=	4.65	1163
21	9/16	=	4.63	7681
21	5/8	=	4.62	4277
21	11/16	=	4.61	0951
21	3/4	=	4.59	7701
21	13/16	=	4.58	4527
21	7/8	=	4.57	1429
21	15/16	=	4.55	8405

附錄四：美幣折合港幣檢查表

匯價 EXCHANGE QUOTATION			美幣一元合港幣之數 U.S $1.00 into H.K. DOLLARS	
@U.S. $22		=	H.K.$4.54	5455
22	1/16	=	4.53	2578
22	1/8	=	4.51	9774
22	3/16	=	4.50	7042
22	1/4	=	4.49	4382
22	5/16	=	4.48	1793
22	3/8	=	4.46	9274
22	7/16	=	4.45	6825
22	1/2	=	4.44	4444
22	9/16	=	4.43	2133
22	5/8	=	4.41	9890
22	11/16	=	4.40	7713
22	3/4	=	4.39	5604
22	13/16	=	4.38	3562
22	7/8	=	4.37	1585
22	15/16	=	4.35	9673
@U.S. $23		=	H.K.$4. 4	7826
23	1/16	=	4.33	6043
23	1/8	=	4.32	4324
23	3/16	=	4.31	2668
23	1/4	=	4.30	1075
23	5/16	=	4.28	9544
23	3/8	=	4.27	8075
23	7/16	=	4.26	6667
23	1/2	=	4.25	5319
23	9/16	=	4.24	4032
23	5/8	=	4.23	2804
23	11/16	=	4.22	1636
23	3/4	=	4.21	0526
23	13/16	=	4.19	9475
23	7/8	=	4.18	8482
23	15/16	=	4.17	7546

匯價 EXCHANGE QUOTATION			美幣一元合港幣之數 U.S. $1.00 into H.K. DOLLARS	
@U.S. $24		=	H.K.$4.16	6667
24	1/16	=	4.15	5844
24	1/8	=	4.14	5078
24	3/16	=	4.13	4367
24	1/4	=	4.12	3711
24	5/16	=	4.11	3111
24	3/8	=	4.10	2564
24	7/16	=	4.09	2072
24	1/2	=	4.08	1633
24	9/16	=	4.07	1247
24	5/8	=	4.06	0914
24	11/16	=	4.05	0633
24	3/4	=	4.04	0404
24	13/16	=	4.03	0227
24	7/8	=	4.02	0101
24	15/16	=	4.01	0025
@U.S. $25		=	H.K.$4.00	0000
25	1/16	=	3.99	0025
25	1/8	=	3.98	0100
25	3/16	=	3.97	0223
25	1/4	=	3.96	0396
25	5/16	=	3.95	0617
25	3/8	=	3.94	0887
25	7/16	=	3.93	1204
25	1/2	=	3.92	1569
25	9/16	=	3.91	1980
25	5/8	=	3.90	2439
25	11/16	=	3.89	2944
25	3/4	=	3.88	3495
25	13/16	=	3.87	4092
25	7/8	=	3.86	4734
25	15/16	=	3.85	5422

附錄四：美幣折合港幣檢查表

匯價 EXCHANGE QUOTATION		美幣一元合港幣之數 U.S.$1.00 into H.K.DOLLARS
@U.S.$26	=	H.K.$3.84 6154
26 1/16	=	3.83 6930
26 1/8	=	3.82 7751
26 3/16	=	3.81 8616
26 1/4	=	3.80 9524
26 5/16	=	3.80 0475
26 3/8	=	3.79 1469
26 7/16	=	3.78 2506
26 1/2	=	3.77 3585
26 9/16	=	3.76 4706
26 5/8	=	3.75 5869
26 11/16	=	3.74 7073
26 3/4	=	3.73 8318
26 13/16	=	3.72 9604
26 7/8	=	3.72 0930
26 15/16	=	3.71 2297
@U.S.$27	=	H.K.$3.70 3704
27 1/16	=	3.69 5150
27 1/8	=	3.68 6636
27 3/16	=	3.67 8161
27 1/4	=	3.66 9725
27 5/16	=	3.66 1327
27 3/8	=	3.65 2968
27 7/16	=	3.64 4647
27 1/2	=	3.63 6364
27 9/16	=	3.62 8118
27 5/8	=	3.61 9910
27 11/16	=	3.61 1738
27 3/4	=	3.60 3604
27 13/16	=	3.59 5506
27 7/8	=	3.58 7444
27 15/16	=	3.57 9418

香港佘融

匯 價 EXCHAN E QUOTATION		美幣一元合港幣之數 U.S. $1.00 into H.K.DOLLARS
@U.S. $28	=	H.K.$3.57 1429
28 1/16	=	3.56 3474
28 1/8	=	3.55 5556
28 3/16	=	3.54 7672
28 1/4	=	3.53 9823
28 5/16	=	3.53 2009
28 3/8	=	3.52 4229
28 7/16	=	3.51 6484
28 1/2	=	3.50 8772
28 9/16	=	3.50 1094
28 5/8	=	3.49 3450
28 11/16	=	3.48 5839
28 3/4	=	3.47 8261
28 13/16	=	3.47 0716
28 7/8	=	3.46 3203
28 15/16	=	3.45 5724
@U.S.$29	=	H.K.$3.44 8276
29 1/16	=	3.44 0860
29 1/8	=	3.43 3476
29 3/16	=	3.42 6124
29 1/4	=	3.41 8803
29 5/16	=	3.41 1514
29 3/8	=	3.40 4255
29 7/16	=	3.39 7028
29 1/2	=	3.38 9831
29 9/16	=	3.38 2664
29 5/8	=	3.37 5527
29 11/16	=	3.36 8421
29 3/4	=	3.36 1345
29 13/16	=	3.35 4298
29 7/8	=	3.34 7280
29 15/16	=	3.34 0292

附錄四：美幣折合港幣檢查表

匯價 EXCHANGE QUOTATION			美幣一元合港幣之數 U.S. $1.00 into H.K. DOLLARS	
@U.S. $30		=	H.K. $3.33	3333
30	1/16	=	3.32	6403
30	1/8	=	3.31	9502
30	3/16	=	3.31	2629
30	1/4	=	3.30	5785
30	5/16	=	3.29	8969
30	3/8	=	3.29	2181
30	7/16	=	3.28	5421
30	1/2	=	3.27	8689
30	9/16	=	3.27	1984
30	5/8	=	3.26	5306
30	11/16	=	3.25	8656
30	3/4	=	3.25	2033
30	13/16	=	3.24	5436
30	7/8	=	3.23	8866
30	15/16	=	3.23	2323
@U.S. $31		=	H.K. $3.22	5806
31	1/16	=	3.21	9316
31	1/8	=	3.21	2851
31	3/16	=	3.20	6413
31	1/4	=	3.20	0000
31	5/16	=	3.19	3613
31	3/8	=	3.18	7251
31	7/16	=	3.18	0915
31	1/2	=	3.17	4603
31	9/16	=	3.16	8317
31	5/8	=	3.16	2055
31	11/16	=	3.15	5819
31	3/4	=	3.14	9606
31	13/16	=	3.14	3418
31	7/8	=	3.13	7255
31	15/16	=	3.13	1115

匯價 EXCHANGE QUOTATION		美幣一元合港幣之數 U.S.$1.00 into H.K.DOLLARS
@U.S.$32	=	H.K.$3.12 5000
32 1/16	=	3.11 8908
32 1/8	=	3.11 2840
32 3/16	=	3.10 6796
32 1/4	=	3.10 0775
32 5/16	=	3.09 4778
32 3/8	=	3.08 8803
32 7/16	=	3.08 2852
32 1/2	=	3.07 6923
32 9/16	=	3.07 1017
32 5/8	=	3.06 5134
32 11/16	=	3.05 9273
32 3/4	=	3.05 3435
32 13/16	=	3.04 7619
32 7/8	=	3.04 1825
32 15/16	=	3.03 6053
@U.S.$33	=	H.K.$3.03 0303
33 1/16	=	3.02 4575
33 1/8	=	3.01 8868
33 3/16	=	3.01 3183
33 1/4	=	3.00 7519
33 5/16	=	3.00 1876
33 3/8	=	2.99 6255
33 7/16	=	2.99 0654
33 1/2	=	2.98 5075
33 9/16	=	2.97 9516
33 5/8	=	2.97 3978
33 11/16	=	2.96 8460
33 3/4	=	2.96 2963
33 13/16	=	2.95 7486
33 7/8	=	2.95 2030
33 15/16	=	2.94 6593

附錄五

中匯折合港幣檢查表

（由中匯價一〇〇元起至四七九九又八分之七止）

折合方法：以國幣一百元合若干港幣為標準。

檢查方法：例如本日中匯率為一〇五元三七五，首索大數字105，繼向左邊索38，終則由此二數交界處，索得94.89917，即國幣一百元折合港幣94,89917元之謂也。餘數類推。

@	100	101	102	103	104
—	100.00 000	99.00 990	98.03 922	97.08 738	96.15 385
1/8	99.87 516	98.88 752	97.91 922	96.96 970	96.03 842
1/4	99.75 062	98.76 543	97.79 951	96.85 230	95.92 326
3/8	99.62 640	98.64 365	97.68 010	96.73 519	95.80 838
1/2	**99.50 249**	**98.52 217**	**97.56 098**	**96.61 836**	**95.69 378**
5/8	99.37 888	98.40 098	97.44 214	96.50 181	95.57 945
3/4	99.25 558	98.28 010	97.32 360	96.38 554	95.46 539
7/8	99.13 259	98.51 915	97.20 535	96.26 955	95.35 161
	105	106	107	108	109
—	95 23 810	94.33 962	93.45 794	92.59 259	91.74 312
1/8	95.12 485	94.22 850	93.34 889	92.48 555	91.63 803
1/4	95.01 188	94.11 765	93.24 009	92.37 875	91.53 318
3/8	94.89 917	94.00 705	93.13 155	92.27 220	91.42 857
1/2	**94.78 673**	**93.89 671**	**93.02 326**	**92.16 590**	**91.32 420**
5/8	94.67 456	93.78 654	92.91 521	92.05 984	91.22 007
3/4	94.56 265	93.67 681	92.80 742	91.95 402	91.11 617
7/8	94.45 100	93.56 725	92.69 988	91.84 845	91.01 251
@	110	111	112	113	114
—	90.90 909	90.09 009	89.28 571	88.49 558	87.71 930
1/8	90.80 590	89.99 875	89.18 618	88.39 779	87.62 322
1/4	90.70 295	89.88 764	89.08 686	88.30 022	87.52 735
3/8	90.60 023	89.79 676	88.98 776	88.20 287	87.43 169
1/2	**90.49 774**	**89.68 610**	**88.88 889**	**88.10 573**	**87.33 624**
5/8	90.39 548	89.58 567	88.79 0.3	88.00 880	87.24 100
3/4	90.29 345	89.48 546	88.69 180	87.91 2.9	87.14 597
7/8	90.19 165	89.38 547	88.59 358	87.81 559	87.05 114
@	115	116	117	118	119
—	86.95 652	86.20 690	85.47 009	84.74 576	84.03 361
1/8	86.86 211	86.11 410	85.3 887	84.65 608	83.94 544
1/4	86.76 790	86.02 151	85.28 735	84.56 660	83.85 744
3/8	86.67 389	85.92 911	85.19 702	84.47 730	83.76 963
1/2	**86 58 009**	**85.83 691**	**85.10 638**	**84.38 819**	**83.68 201**
5/8	86.48 649	85.74 491	85.01 594	84.29 926	83.59 457
3/4	86.39 309	85.65 310	84.92 569	84.21 053	83.50 731
7/8	86.29 989	85.56 150	84.83 563	84.12 198	83.42 023

附錄五：申匯折合港幣檢查表

@	120	121	122	123	124
—	83.33 333	82.64 463	81.96 721	81.30 081	80.64 516
1/8	83.24 662	82.55 934	81.88 332	81.21 827	80.56 395
1/4	83.16 003	82.47 423	81.79 959	81.13 5 0	80.48 2 0
3/8	83.07 373	82.38 929	81.71 604	81.05 370	80.40 201
1/2	82.98 755	82.30 453	81.63 265	80.97 166	80.32 129
5/8	82.90 155	82.21 994	81.51 944	80.88 979	80.24 072
3/4	82.81 573	82.13 552	81.46 640	80.80 808	80.16 032
7/8	82.73 009	82.05 128	81.38 352	80.72 654	80.08 008

@	125	126	127	128	129
—	80.00 000	79.36 508	78.74 016	78.12 500	77.51 938
1/8	79.92 008	79.28 642	78.66 273	78.04 878	77.44 434
1/4	79.84 032	79.20 792	78.58 546	77.97 271	77.36 944
3/8	79.76 072	79.12 957	78.50 834	77.89 679	77.29 469
1/2	79.68 127	79.05 138	78.43 137	77.82 101	77.22 008
5/8	79.60 199	78.97 335	78.35 455	77.74 538	77.14 561
3/4	79.52 286	78.89 546	78.27 789	77.66 990	77.07 129
7/8	79.44 389	78.81 773	78.20 137	77.59 457	76.99 711

@	130	131	132	133	134
—	76.92 308	76.33 588	75.75 758	75.18 797	74.62 687
1/8	76.84 918	76.26 311	75.68 590	75.11 737	74.55 73
1/4	76.77 543	76.19 048	75.61 437	75.04 690	74.48 790
3/8	76.70 182	76.11 798	75.54 297	74.97 657	74.41 860
1/2	76.62 835	76.04 563	75.47 170	74.90 637	74.34 944
5/8	76.55 502	75.97 341	75.40 057	74.83 630	74.28 041
3/4	76.48 184	75.90 133	75.32 957	74.76 636	74.21 150
7/8	76.40 879	75.82 938	75.25 870	74.69 655	74.14 272

@	135	136	137	138	139
—	74.07 407	73.52 941	72.99 270	72.46 377	71.94 24
1/8	74.00 555	73.46 189	72.92 616	72.39 819	71.87 761
1/4	73.93 715	73.39 450	72.85 974	72.33 2 3	71.81 329
3/8	73.86 888	73.32 722	72.79 315	72.26 739	71.74 883
1/2	73.80 074	73.26 007	72.72 727	72.20 217	71.68 459
5/8	73.73 272	73.19 30	72.66 122	72.13 705	71.62 041
3/4	73.66 483	73.12 614	72.59 523	72.07 207	71.55 635
7/8	73.59 706	73.05 935	72.52 947	72.0 720	71.49 240

@	140		141		142		143		144	
—	71.42	857	70.92	199	70.42	254	69.93	007	69.44	444
1/8	71.35	485	70.85	917	70.36	060	69.86	900	69.38	422
1/4	71.30	125	70.79	646	70.29	877	69.80	803	69.32	409
3/8	71.23	776	70.73	386	70.23	705	69.74	717	69.26	407
1/2	71.17	438	70.67	138	70.17	544	69.68	641	69.20	415
5/8	71.11	111	70.60	900	70.11	394	69.62	576	69.14	434
3/4	71.04	796	70.54	674	70.05	254	69.56	522	69.08	463
7/8	70.98	492	70.48	458	69.99	125	69.50	478	69.02	502
@	145		146		147		148		149	
—	68.96	552	68.49	315	68.02	721	67.56	757	67.11	409
1/8	68.90	612	68.43	456	67.96	941	67.51	055	67.05	784
1/4	68.84	682	68.37	607	67.91	171	67.45	363	67.00	168
3/8	68.78	762	68.31	768	67.85	411	67.39	680	66.94	561
1/2	68.72	852	68.25	939	67.79	661	67.34	007	66.88	963
5/8	68.66	953	68.20	119	67.73	920	67.28	343	66.83	375
3/4	68.61	063	68.14	310	67.68	190	67.22	689	66.77	796
7/8	68.55	184	68.08	511	67.62	468	67.17	045	66.72	227
	150		151		152		153		154	
—	66.66	667	66.22	517	65.78	947	65.35	948	64.93	506
1/8	66.61	116	66.17	039	65.73	541	65.30	612	64.88	240
1/4	66.55	574	66.11	570	65.68	144	65.25	285	64.82	962
3/8	66.50	042	66.06	111	65.62	756	65.19	967	64.77	733
1/2	66.44	518	66.00	660	65.57	377	65.14	658	64.72	492
5/8	66.39	004	65.95	218	65.52	007	65.09	357	64.67	259
3/4	66.33	499	65.89	786	65.46	645	65.04	065	64.62	036
7/8	66.28	003	65.84	352	65.41	292	64.98	781	64.56	820
@	155		156		157		158		159	
—	64.51	613	64.10	256	63.69	427	63.29	114	62.89	308
1/8	64.46	414	64.05	124	63.64	360	63.24	111	62.84	368
1/4	64.41	221	64.00	000	63.59	300	63.19	115	62.79	435
3/8	64.36	042	63.94	884	63.54	249	63.14	128	62.74	510
1/2	64.30	868	63.89	776	63.49	286	63.09	148	62.69	592
5/8	64.25	703	63.84	677	63.44	171	63.04	177	62.64	683
3/4	64.20	546	63.79	585	63.39	144	62.99	213	62.59	781
7/8	64.15	397	63.74	502	63.34	125	62.94	256	62.54	887

附錄五：申匯折合港幣檢查表

@	160		161		162		163		164	
—	62.50	000	62.11	180	61.72	840	61.34	969	60.97	561
1/8	62.45	121	62.06	362	61.68	080	61.30	268	60.92	917
1/4	62.40	250	62.01	550	61.63	328	61.25	574	60.88	280
3/8	62.35	386	61.96	747	61.58	584	61.20	888	60.83	650
1/2	**62.30**	**530**	**61.91**	**950**	**61.53**	**846**	**61.16**	**208**	**60.79**	**027**
5/8	62.25	681	61.87	162	61.49	116	61.11	536	60.74	412
3/4	62.20	840	61.82	380	61.44	393	61.06	870	60.69	803
7/8	62.16	006	61.77	606	61.39	678	61.02	212	60.65	201

	165		166		167		168		169	
—	60.60	606	60.24	096	59.88	024	59.52	381	59.17	160
1/8	60.56	018	60.19	564	59.83	515	59.47	955	59.12	786
1/4	60.51	437	60.15	038	59.79	073	59.43	536	59.08	419
3/8	60.46	863	60.10	518	59.74	608	59.39	124	59.04	059
1/2	**60.42**	**296**	**60.06**	**006**	**59.70**	**149**	**59.34**	**718**	**58.99**	**705**
5/8	60.37	736	60.01	500	59.65	697	59.30	319	58.95	357
3/4	60.33	183	59.97	001	59.61	252	59.25	926	58.91	016
7/8	60.28	636	59.92	509	59.56	813	59.21	540	58.86	681

@	170		171		172		173		174	
—	58.82	353	58.47	953	58.13	953	57.80	347	57.47	126
1/8	58.78	031	58.43	682	58.09	731	57.76	173	57.43	001
1/4	58.73	715	58.39	416	58.05	515	57.72	006	57.38	881
3/8	58.69	406	58.35	157	58.01	305	57.67	844	57.34	767
1/2	**58.65**	**103**	**58.30**	**904**	**57.97**	**101**	**57.63**	**689**	**57.30**	**659**
5/8	58.60	806	58.26	657	57.92	904	57.59	539	57.26	557
3/4	58.56	515	58.22	416	57.88	712	57.55	396	57.22	461
7/8	58.52	231	58.18	182	57.84	526	57.51	258	57.18	370

@	175		176		177		178		179	
—	57.14	286	56.81	818	56.49	718	56.17	978	55.86	592
1/8	57.10	207	56.77	786	56.45	730	56.14	035	55.82	694
1/4	57.06	134	56.73	759	56.41	749	56.10	098	55.78	801
3/8	57.02	067	56.69	738	56.37	773	56.06	167	55.74	913
1/2	**56.98**	**006**	**56.65**	**722**	**56.33**	**803**	**56.02**	**241**	**55.71**	**031**
5/8	56.93	950	56.61	713	56.29	838	55.98	321	55.67	154
3/4	56.89	900	56.57	709	56.25	879	55.94	406	55.63	282
7/8	56.85	856	56.53	710	56.21	926	55.90	496	55.59	416

@	180		181		182		183		184	
—	55,55	556	55,24	862	54,94	505	54,64	481	54,34	783
1/8	55,51	700	55,21	049	54,90	734	54,60	751	54,31	093
1/4	55,47	850	55,17	241	54,86	968	54,57	026	54,27	408
3/8	55,44	006	55,13	439	54,83	208	54,53	306	54,23	729
1/2	55,40	166	55,09	642	54,79	452	54,49	591	54,20	054
5/8	55,36	332	55,05	850	54,75	702	54,45	882	54,16	385
3/4	55,32	503	55,02	063	54,71	956	54,42	177	54,12	720
7/8	55,28	680	54,98	282	54,68	216	54,38	477	54,09	060

@	185		186		187		188		189	
—	54,05	405	53,76	344	53,47	594	53,19	149	52,91	005
1/8	54,01	756	53,72	733	53,44	021	53,15	615	52,87	508
1/4	53,98	111	53,69	128	53,40	454	53,12	085	52,84	016
3/8	53,94	471	53,65	526	53,36	891	53,08	560	52,80	528
1/2	53,90	836	53,61	930	53,33	333	53,05	040	52,77	045
5/8	53,87	205	53,58	339	53,29	780	53,01	524	52,73	566
3/4	53,83	580	53,54	752	53,26	232	52,98	013	52,70	092
7/8	53,71	960	53,51	171	53,22	688	52,94	507	52,66	623

@	190		191		192		193		194	
—	52,63	158	52,35	602	52,08	333	51,81	347	51,54	639
1/8	52,59	698	52,32	178	52,04	945	51,77	994	51,51	320
1/4	52,56	242	52,28	758	52,01	560	51,74	644	51,48	005
3/8	52,52	791	52,25	343	51,98	181	51,71	299	51,44	695
1/2	52,49	344	52,21	932	51,94	805	51,67	959	51,41	388
5/8	52,45	902	52,18	526	51,91	434	51,64	622	51,38	086
3/4	52,42	464	52,15	124	51,88	067	51,61	290	51,34	788
7/8	52,39	031	52,11	726	51,84	705	51,57	963	51,31	495

@	195		196		197		198		199	
—	51,28	205	51,02	041	50,76	142	50,50	505	50,25	126
1/8	51,24	920	50,98	789	50,72	923	50,47	319	50,21	971
1/4	51,21	639	50,95	541	50,69	708	50,44	136	50,18	821
3/8	51,18	362	50,92	298	50,66	498	50,40	958	50,15	674
1/2	51,15	090	50,89	059	50,63	291	50,37	783	50,12	531
5/8	51,11	821	50,85	823	50,60	089	50,34	613	50,09	393
3/4	51,08	557	50,82	592	50,56	890	50,31	447	50,06	258
7/8	51,05	297	50,79	365	50,53	696	50,28	284	50,03	127

附錄五：申匯折合港幣檢查表

@	200	201	202	203	204
—	50.00 000	49.75 124	49.50 495	49.26 108	49.01 961
1/8	49.96 877	49.72 032	49.47 434	49.23 077	48.98 939
1/4	49.93 758	49.68 944	49.44 376	9.20 049	48.95 961
3/8	49.90 643	49.65 860	49.41 322	49.17 025	48.92 966
1/2	49.87 531	49.62 779	49.38 272	49.14 005	48.89 976
5/8	49.84 424	49.59 702	49.35 225	49.10 988	48.86 988
3/4	49.81 320	49.56 629	49.32 182	49.07 975	48.84 005
7/8	49.78 220	49.53 560	49.29 144	49.04 966	48.81 025

@	205	206	207	208	209
—	48.78 049	48.54 369	48.30 918	48.07 692	47.84 689
1/8	48.75 076	48.51 425	48.28 002	48.04 805	47.81 829
1/4	48.72 107	48.48 485	48.25 090	48.01 921	47.78 973
3/8	48.69 142	48.45 548	48.22 182	47.99 040	47.76 119
1/2	48.66 180	48.42 615	48.19 277	47.96 163	47.73 270
5/8	48.63 222	48.39 685	48.16 376	47.93 289	47.70 423
3/4	48.60 267	48.36 759	48.13 478	47.90 419	47.67 580
7/8	48.57 316	48.33 837	48.10 583	47.87 552	47.64 741

@	210	211	212	213	214
—	47.61 905	47.39 336	47.16 981	46.94 836	46.72 897
1/8	47.59 072	47.36 530	47.14 202	46.92 082	46.70 169
1/4	47.56 243	47.33 728	47.11 425	46.89 332	46.67 445
3/8	47.53 417	47.30 928	47.08 652	46.86 585	46.64 723
1/2	47.50 594	47.28 132	47.05 882	46.83 841	46.62 005
5/8	47.47 774	47.25 340	47.03 116	46.81 100	46.59 289
3/4	47.44 958	47.22 550	47.00 353	46.78 363	46.56 577
7/8	47.42 146	47.19 764	46.97 592	46.75 628	46.53 869

@	215	216	217	218	219
—	46.51 163	46.29 630	46.08 295	45.87 156	45.66 210
1/8	46.48 460	46.26 952	46.05 642	45.84 527	45.63 605
1/4	46.45 761	46.24 277	46.02 992	45.81 901	45.61 003
3/8	46.43 064	46.21 606	46.00 345	45.79 279	45.58 405
1/2	46.40 371	46.18 938	45.97 701	45.76 639	45.55 809
5/8	46.37 681	46.16 272	45.95 060	45.74 042	45.53 216
3/4	46.34 994	46.13 610	45.92 423	45.71 429	45.50 626
7/8	46.32 310	46.10 951	45.89 788	45.68 818	45.48 039

@	220		221		222		223		224	
—	45.45	455	45.24	887	45.04	505	44.84	305	44.64	286
1/8	45.42	873	45.22	329	45.01	970	44.81	793	44.61	796
1/4	45.40	293	45.19	774	44.99	438	44.79	283	44.59	309
3/8	45.37	720	45.17	222	44.96	908	44.76	777	44.56	825
1/2	45.35	147	45.14	673	44.94	382	44.74	273	44.54	343
5/8	45.32	578	45.12	126	44.91	859	44.71	772	44.51	854
3/4	45.30	011	45.09	583	44.89	338	44.69	274	44.49	333
7/8	45.27	448	45.07	042	44.86	820	44.66	778	44.46	915

@	225		226		227		228		229	
—	44.44	444	44.24	779	44.05	286	43.85	965	43.66	812
1/8	44.41	977	44.22	333	44.02	862	43.83	562	43.64	430
1/4	44.39	512	44.19	890	44.00	440	43.81	161	43.62	0[illegible]0
3/8	44.37	049	44.17	449	43.98	021	43.78	763	43.59	673
1/2	44.34	590	44.15	011	43.95	604	43.76	368	43.57	298
5/8	44.32	133	44.12	576	43.93	191	43.73	975	43.54	927
3/4	44.29	679	44.10	143	43.90	779	43.71	585	43.52	557
7/8	44.27	227	44.07	713	43.88	371	43.69	197	43.50	190

@	230		231		232		233		234	
—	43.47	826	43.29	004	43.10	345	42.91	845	42.73	504
1/8	43.45	464	43.26	663	43.08	024	42.89	544	42.71	223
1/4	43.43	105	43.24	324	43.05	705	42.87	245	42.68	943
3/8	43.40	749	43.21	988	43.03	389	42.84	949	42.66	667
1/2	43.38	395	43.19	654	43.01	075	42.82	655	42.64	392
5/8	43.36	043	43.17	323	42.98	764	42.80	364	42.62	120
3/4	43.33	694	43.14	995	42.96	455	42.78	075	42.59	851
7/8	43.31	348	43.12	668	42.94	149	42.75	788	42.57	584

@	235		236		237		238		239	
—	42.55	319	42.37	288	42.19	409	42.01	681	41.84	100
1/8	42.53	037	42.35	045	42.17	185	41.99	475	41.81	913
1/4	42.50	797	42.32	804	42.14	963	41.97	272	41.79	728
3/8	42.48	540	42.30	566	42.12	744	41.95	071	41.77	546
1/2	42.46	285	42.28	330	42.10	526	41.92	872	41.75	365
5/8	42.44	03	42.26	096	42.08	311	41.90	676	41.73	187
3/4	42.41	782	42.23	865	42.06	099	41.88	482	41.71	011
7/8	42.39	531	42.21	636	42.03	889	41.86	290	41.68	838

附錄五：申匯折合港幣檢查表

@	240		241		242		243		244	
—	41.66	667	41.49	378	41.32	231	41.15	226	40.98	361
1/8	41.64	498	41.47	227	41.30	098	41.13	111	40.96	262
1/4	41.62	331	41.45	078	41.27	967	41.10	997	40.94	166
3/8	41.60	166	41.42	931	41.25	838	41.08	885	40.92	072
1/2	41.58	004	41.40	787	41.23	711	41.06	776	40.89	980
5/8	41.55	844	41.38	645	41.21	587	41.04	669	40.87	890
3/4	41.53	626	41.36	505	41.19	464	41.02	564	40.85	802
7/8	41.51	531	41.34	367	41.17	344	41.00	461	40.83	716

@	245		246		247		248		249	
—	40.81	633	40.65	041	40.48	583	40.32	258	40.16	054
1/8	40.97	551	40.62	976	40.46	535	40.30	227	40.14	049
1/4	40.77	472	40.60	914	40.44	489	40.28	197	40.12	036
3/8	40.75	395	40.58	853	40.42	446	40.26	170	40.10	025
1/2	40.73	320	40.56	795	40.40	404	40.24	145	40.08	016
5/8	40.71	247	40.54	739	40.38	364	40.22	122	40.06	009
3/4	40.69	176	40.52	685	40.36	327	40.20	101	40.04	004
7/8	40.67	107	40.50	633	40.34	291	40.18	081	40.02	001

@	250		251		252		253		254	
—	40.00	000	39.84	061	39.68	254	39.52	569	39.37	008
1/8	39.98	001	39.82	031	39.66	287	39.50	617	39.35	071
1/4	39.96	004	39.80	100	39.64	321	39.48	667	39.33	137
3/8	39.94	009	39.78	120	39.62	358	39.46	719	39.31	204
1/2	39.92	016	39.76	143	39.60	396	39.44	773	39.29	273
5/8	39.90	025	39.74	168	39.58	436	39.42	829	39.27	344
3/4	39.83	036	39.72	195	39.56	479	39.40	887	39.25	417
7/8	39.86	049	39.70	223	39.54	523	39.38	946	39.23	492

@	255		256		257		258		259	
—	39.21	569	39.06	250	38.91	051	38.75	969	38.61	004
1/8	39.19	647	39.04	344	38.89	159	38.74	092	38.59	141
1/4	39.17	728	39.02	439	38.87	269	38.72	217	38.57	281
3/8	39.15	810	39.00	536	38.85	331	38.70	343	38.55	422
1/2	39.13	894	38.98	635	38.83	495	38.68	472	38.53	565
5/8	39.11	980	38.96	736	38.81	611	38.66	602	38.51	709
3/4	39.10	068	38.94	839	38.79	728	38.64	734	38.49	856
7/8	39.08	158	38.92	914	38.77	848	38.62	868	38.48	004

@	260	261	262	263	264
—	38.46 154	38.31 418	38.16 794	38.02 231	37.87 8[illegible]9
⅛	38.44 306	38.29 584	38.14 974	38.00 475	37.86 086
¼	38.42 459	38.27 751	38.13 155	37.98 670	37.84 295
⅜	38.40 614	38.25 921	38.11 339	37.96 868	37.82 506
½	38.38 772	38.24 092	38.09 524	37.95 066	37.80 718
⅝	38.36 930	38.22 265	38.07 711	37.93 267	37.78 932
¾	38.35 091	38.20 439	38.05 899	37.91 469	37.77 148
⅞	38.33 253	38.18 616	38.04 089	37.89 673	37.75 366

@	265	266	267	268	269
—	37.73 585	37.59 398	37.45 318	37.31 313	37.17 472
⅛	37.71 806	37.57 633	37.43 556	37.29 604	37.15 745
¼	37.70 028	37.55 869	37.41 815	37.27 865	37.14 020
⅜	37.68 252	37.54 106	37.40 065	37.26 129	37.12 297
½	37.66 478	37.52 345	37.38 318	37.24 395	37.10 575
⅝	37.64 706	37.50 586	37.36 572	37.22 662	37.08 855
¾	37.62 935	37.48 828	37.34 827	37.20 930	37.07 136
⅞	37.61 166	37.47 073	37.33 084	37.19 200	37.05 419

@	270	271	272	273	274
—	37.03 704	36.90 037	36.76 471	36.63 004	36.49 635
⅛	37.01 990	36.88 336	36.74 782	36.61 327	36.47 971
¼	37.00 278	36.86 636	36.73 095	36.59 652	36.46 308
⅜	36.98 567	36.84 938	36.71 409	36.57 979	36.44 647
½	36.96 858	36.83 241	36.69 725	36.56 307	36.42 987
⅝	36.95 150	36.81 546	36.68 042	36.54 637	36.41 329
¾	36.93 444	36.79 853	36.66 361	36.52 968	36.39 672
⅞	36.91 740	36.78 161	36.64 682	36.51 301	36.38 017

@	275	276	277	278	279
—	36.36 364	36.23 188	36.10 108	35.97 122	35.84 229
⅛	36.34 711	36.21 548	36.08 480	35.95 506	35.82 624
¼	36.33 061	36.19 910	36.06 853	35.93 890	35.81 021
⅜	36.31 412	36.18 272	36.05 228	35.92 277	35.79 418
½	36.29 764	36.16 637	36.03 604	35.90 664	35.77 818
⅝	36.28 118	36.15 002	36.01 981	35.89 053	35.76 218
¾	36.26 473	36.13 369	36.00 360	35.87 444	35.74 620
⅞	36.24 830	36.11 738	35.98 740	35.85 836	35.73 024

附錄五：申匯折合港幣檢查表

@	280	281	282	283	284
—	35.71 429	35.58 719	35.46 099	35.33 569	35.21 127
1/8	35.69 835	35.57 137	35.44 523	35.32 009	35.19 578
1/4	35.68 243	35.55 556	35.42 958	35.30 450	35.18 030
3/8	35.66 652	35.53 976	35.41 390	35.28 893	35.16 484
1/2	35.65 062	35.52 398	35.39 823	35.27 337	35.14 938
5/8	35.63 474	35.50 821	35.38 257	35.25 782	35.13 395
3/4	35.61 888	35.49 246	35.36 693	35.24 229	35.11 853
7/8	35.60 303	35.47 672	35.35 130	35.22 677	35.10 312

@	285	286	287	288	289
—	35.08 772	34.96 503	34.84 321	34.72 222	34.60 208
1/8	35.07 234	34.94 976	34.82 804	34.70 716	34.58 712
1/4	35.05 697	34.93 450	34.81 288	34.69 211	34.57 217
3/8	35.04 161	34.91 925	34.79 774	34.67 707	34.55 724
1/2	35.02 627	34.90 401	34.78 261	34.66 205	34.54 231
5/8	35.01 094	34.88 879	34.76 749	34.64 703	34.52 741
3/4	34.99 563	34.87 358	34.75 239	34.63 203	34.51 251
7/8	34.98 032	34.85 839	34.73 730	34.61 705	34.49 763

@	290	291	292	293	294
—	34.48 276	34.36 426	34.24 658	34.12 969	34.01 361
1/8	34.46 790	34.34 951	34.23 192	34.11 514	33.99 915
1/4	34.45 306	34.33 476	34.21 728	34.10 060	33.98 471
3/8	34.43 823	34.32 003	34.20 265	34.08 607	33.97 028
1/2	34.42 341	34.30 532	34.18 803	34.07 155	33.95 586
5/8	34.40 860	34.29 061	34.17 343	34.05 705	33.94 145
3/4	34.39 381	34.27 592	34.15 884	34.04 255	33.92 706
7/8	34.37 903	34.26 124	34.14 426	34.02 807	33.91 267

@	295	296	297	298	299
—	33.89 831	33.78 378	33.67 003	33.55 705	33.44 482
1/8	33.88 395	33.76 952	33.65 587	33.54 298	33.43 084
1/4	33.86 960	33.75 527	33.64 172	33.52 892	33.41 688
3/8	33.85 527	33.74 104	33.62 757	33.51 487	33.40 292
1/2	33.84 095	33.72 681	33.61 345	33.50 084	33.38 898
5/8	33.82 664	33.71 260	33.59 933	33.48 681	33.37 505
3/4	33.81 234	33.69 840	33.58 522	33.47 280	33.36 113
7/8	33.79 806	33.68 421	33.57 113	33.45 880	33.34 723

@	300	301	302	303	304
—	33.33 333	33.22 259	33.11 253	33.00 330	32.89 474
1/8	33.31 945	33.20 880	33.09 838	32.98 969	32.88 122
1/4	33.30 558	33.19 502	33.08 519	32.97 609	32.86 771
3/8	33.29 172	33.18 125	33.07 152	32.96 251	32.85 421
1/2	33.27 787	33.16 750	33.05 785	32.94 893	32.84 072
5/8	33.26 403	33.15 375	33.04 420	32.93 536	32.82 725
3/4	33.25 021	33.14 002	33.03 55	32.92 181	32.81 378
7/8	33.23 639	33.12 629	33.01 692	32.90 827	32.80 033

@	305	306	307	308	309
—	32.78 689	32.67 974	32.57 329	32.46 753	32.36 246
1/8	32.77 345	32.66 639	32.56 003	32.45 436	32.34 937
1/4	32.76 003	32.65 305	32.54 679	32.44 120	32.33 630
3/8	32.74 662	32.63 974	32.53 355	32.42 805	32.32 323
1/2	32.73 322	32.62 643	32.52 033	32.41 491	32.31 018
5/8	32.71 984	32.61 313	32.50 711	32.40 178	32.29 713
3/4	32.70 646	32.59 984	32.49 391	32.38 866	32.28 410
7/8	32.69 309	32.58 656	32. 8 071	32.37 555	32.27 108

@	310	311	312	313	314
—	32.25 806	32.15 434	32.05 128	31.94 888	31.84 713
1/8	3 .24 506	32.14 142	32.03 845	31.93 613	31.83 446
1/4	32.23 207	32.12 851	32.02 562	31.92 [illegible]38	31.82 180
3/8	32.21 909	32.11 562	32.01 281	31.91 065	31.89 915
1/2	32.20 612	32.10 273	32.00 000	31.89 793	31.79 650
5/8	32.19 316	32.08 985	31.98 721	31.88 521	31.78 387
3/4	32.18 021	32.07 698	31.97 442	31.87 251	31.77 125
7/8	32.16 727	32.06 413	31.96 165	31.85 982	31.75 863

@	315	316	317	318	319
—	31.74 603	31.64 557	31.54 574	31.44 654	31.34 796
1/8	31.73 344	31.63 306	31.53 331	31.43 418	31.33 568
1/4	31.72 (8[illegible]	31.62 055	31.52 088	31.42 184	31.32 341
3/8	31.70 8[illegible]8	31.60 806	31.50 847	31.40 980	31.31 115
1/2	31.69 572	31.59 558	31.49 606	31.39 717	31.29 890
5/8	31.68 317	31.58 310	31.48 367	31.38 486	31.28 666
3/4	31.67 063	31.57 064	31.47 128	31.37 255	31.27 443
7/8	31.65 809	31.55 819	31.45 891	31.36 025	31.26 221

附錄五：申匯折合港幣檢查表

@	320	321	322	323	324
—	31.25 000	31.15 265	31.05 590	30.95 975	30.86 420
$\frac{1}{8}$	31.23 780	31.14 052	31.04 385	30.94 778	30.85 229
$\frac{1}{4}$	31.22 560	31.12 840	31.03 181	30.93 581	30.84 040
$\frac{3}{8}$	31.21 342	31.11 630	31.01 978	30.92 385	30.82 852
$\frac{1}{2}$	31.20 125	31.10 420	31.00 775	30.91 190	30.81 664
$\frac{5}{8}$	31.18 908	31.09 211	31.99 574	30.89 996	30.80 477
$\frac{3}{4}$	31.17 693	31.08 003	30.98 373	30.88 803	30.79 292
$\frac{7}{8}$	31.16 478	31.06 796	30.97 174	30.87 611	30.78 107

@	325	326	327	328	329
—	30.76 923	30.67 485	30.58 104	30.48 780	30.39 514
$\frac{1}{8}$	30.75 740	30.66 309	30.56 935	30.47 619	30.38 359
$\frac{1}{4}$	30.74 558	30.65 134	30.55 768	30.46 458	30.37 206
$\frac{3}{8}$	30.73 377	30.63 960	30.54 601	30.45 299	30.36 053
$\frac{1}{2}$	30.72 197	30.62 787	30.53 435	30.44 140	30.34 901
$\frac{5}{8}$	30.71 017	30.61 615	30.52 270	30.42 982	30.33 750
$\frac{3}{4}$	30.69 839	30.60 444	30.51 106	30.41 825	30.32 600
$\frac{7}{8}$	30.68 661	30.59 273	30.49 943	30.40 669	30.31 451

@	330	331	332	333	334
—	30.30 303	30.21 148	30.12 048	30.03 003	29.94 012
$\frac{1}{8}$	30.29 156	30.20 008	30.10 915	30.01 876	29.92 892
$\frac{1}{4}$	30.28 009	30.18 868	30.09 782	30.00 750	29.91 773
$\frac{3}{8}$	30.26 863	30.17 729	30.08 650	29.99 625	29.90 654
$\frac{1}{2}$	30.25 719	30.16 591	30.07 519	29.98 501	29.89 537
$\frac{5}{8}$	30.24 575	30.15 454	30.06 389	29.97 377	29.88 420
$\frac{3}{4}$	30.23 432	30.14 318	30.05 259	29.96 255	29.87 304
$\frac{7}{8}$	30.22 289	30.13 183	30.04 131	29.95 133	29.86 189

@	335	336	337	338	339
—	29.85 075	29.76 190	29.67 359	29.58 580	29.49 853
$\frac{1}{8}$	29.83 961	29.75 084	29.66 259	29.57 486	29.48 765
$\frac{1}{4}$	29.82 849	29.73 978	29.65 159	29.56 393	29.47 679
$\frac{3}{8}$	29.81 737	29.72 873	29.64 061	29.55 301	29.46 593
$\frac{1}{2}$	29.80 626	29.71 768	29.62 963	29.54 210	29.45 508
$\frac{5}{8}$	29.79 516	29.70 665	29.61 866	29.53 119	29.44 424
$\frac{3}{4}$	29.78 407	29.69 562	29.60 770	29.52 030	29.43 341
$\frac{7}{8}$	29.77 298	29.68 460	29.59 674	29.50 941	29.42 258

@	340	341	342	343	344
—	29.41 176	29.32 551	29.23 977	29.15 452	29.06 977
1/8	29.40 0 5	29.31 477	29.22 903	29.14 390	29.05 921
1/4	29.39 015	29.30 403	29.21 841	29.13 328	29.04 866
3/8	29.37 936	29.29 330	29.20 774	29.12 268	29.03 811
1/2	29.36 858	29.28 258	29.19 708	29.11 208	29.02 758
5/8	29.35 780	29.27 186	29.18 643	29.10 149	29.01 705
3/4	29.34 703	29.26 116	29.17 578	29.09 091	29.00 653
7/8	29.33 627	29.25 046	29.16 515	29.08 033	28.99 601

@	345	345	347	348	349
—	23.98 551	28.90 173	28.81 844	28.73 563	28.65 330
1/8	28.97 501	28.89 130	28.80 807	28.72 531	28.64 304
1/4	28.96 452	28.88 037	28.79 770	28.71 500	28.63 278
3/8	23.95 404	28.87 044	28.78 733	28.70 470	28.62 254
1/2	28.94 356	28.86 003	28.77 698	28.69 440	28.61 230
5/8	28.93 309	28.81 962	28.76 663	28.68 412	28.60 207
3/4	28.92 263	28.83 922	28.75 629	28.67 384	28.59 185
7/8	28.91 218	28.82 883	28.74 596	28.66 356	28.58 164

@	350	351	352	353	354
—	28.57 143	28.49 003	28.40 909	28.32 861	28.24 859
1/8	28.56 123	28.47 989	28.39 901	28.31 858	28.23 862
1/4	23.55 103	28.46 975	28.38 893	28.30 856	28.22 865
3/8	28.54 085	23.45 962	28.37 886	28.29 855	28.21 869
1/2	28.53 067	28.44 950	28.36 879	28.28 854	28.20 874
5/8	28.52 050	28.43 939	28.35 874	23.27 854	28.19 880
3/4	28.51 033	28.42 928	28.34 869	28.26 855	28.18 887
7/8	28.50 018	28.41 918	28.33 865	28.25 857	28.17 894

@	355	356	357	358	359
—	28.16 901	28.08 989	28.01 120	27.93 296	27.85 515
1/8	28.15 910	28.08 003	28.00 140	27.92 321	27.84 546
1/4	28.14 919	28.07 018	27.99 160	27.91 347	27.83 577
3/8	28.13 929	28.06 033	27.98 181	27.90 373	27.82 609
1/2	28.12 940	28.05 049	27.97 203	27.89 400	27.81 641
	28.11 951	28.04 066	27.96 225	27.88 428	27.80 674
3/4	28.10 963	23.03 083	27.95 248	27.87 456	27.79 703
7/8	28.09 975	23.02 102	27.94 272	27.86 486	27.78 743

附錄五：申匯折合港幣檢查表

@	360	361	362	363	364
—	27.77 778	27.70 083	27.62 431	27.54 [illegible]21	27.47 253
1/8	27.76 814	27.69 124	27.61 477	27.53 873	27.46 310
1/4	27.75 850	27.68 166	27.60 524	27.52 925	27.45 367
3/8	27.74 887	27.67 209	27.59 572	27.51 978	27.44 425
1/2	27.73 925	27.66 252	27.58 621	27.51 032	27.43 484
5/8	27.72 964	27.65 296	27.57 670	27.50 086	27.42 544
3/4	27.72 003	27.64 340	27.56 720	27.49 1[illegible]1	27.41 604
7/8	27.71 043	27.63 385	27.55 770	27.48 196	27.40 665

@	365	366	367	368	369
—	27.39 726	27.32 240	27.24 796	27.17 3[illegible]1	27.10 027
1/8	27.38 788	27.31 308	27.23 868	27.16 469	27.09 109
1/4	27.37 851	27.30 375	27.22 941	27.15 547	27.08 192
3/8	27.36 914	27.29 441	27.22 014	27.14 625	27.07 276
1/2	27.35 978	27.28 513	27.21 088	27.13 704	27.06 360
5/8	27.35 043	27.27 583	27.20 163	27.12 784	27.05 445
3/4	27.34 108	27.26 653	27.19 239	27.11 864	27.04 530
7/8	27.33 174	27.25 724	27.18 315	27.10 945	27.03 616

@	370	371	372	373	374
—	27.02 703	26.95 418	26.88 172	26.80 965	26.73 797
1/8	27.01 790	26.94 510	26.87 269	26.80 067	26.72 903
1/4	27.00 878	26.93 603	26.86 367	26.79 169	26.72 011
3/8	26.99 966	26.92 696	26.85 465	26.78 273	26.71 119
1/2	26.99 055	26.91 790	26.84 564	26.77 376	26.70 227
5/8	26.98 145	26.90 885	26.83 663	26.76 480	26.69 336
3/4	26.97 235	26.89 980	26.82 763	26.75 585	26.68 446
7/8	26.96 326	26.89 076	26.81 864	26.74 691	26.67 556

@	375	376	377	378	379
—	26.66 667	26.59 574	26.52 520	26.45 503	26.38 522
1/8	26.65 778	26.58 691	26.51 641	26.44 628	26.37 652
1/4	26.64 890	26.57 807	26.50 762	26.43 754	26.36 783
3/8	26.64 003	26.56 925	26.49 884	26.42 881	26.35 914
1/2	26.63 116	26.56 042	26.49 007	26.42 008	26.35 046
5/8	26.62 230	26.55 161	26.48 130	26.41 136	26.34 178
3/4	26.61 344	26.54 [illegible]80	26.47 253	26.40 264	26.33 311
7/8	26.60 449	26.53 400	26.46 378	26.39 393	26.32 445

@	380	381	382	383	384
—	26.31 579	26.24 672	26.17 801	26.10 966	26.04 167
1/8	26.30 714	26.23 811	26.16 945	26.10 114	26.03 319
1/4	26.29 849	26.22 951	26.16 089	26.09 263	26.02 472
3/8	26.28 985	26.22 091	26.15 234	26.08 412	26.01 626
1/2	26.28 121	26.21 232	26.14 379	26.07 562	26.00 780
5/8	26.27 258	26.20 373	26.13 525	26.06 712	25.99 935
3/4	26.26 395	26.19 515	26.12 671	26.05 863	25.99 090
7/8	26.25 533	26.18 658	26.11 818	26.05 015	25.98 246

@	385	386	387	388	389
—	25.97 403	25.90 674	25.83 979	25.77 320	25.70 694
1/8	25.96 560	25.89 835	25.83 145	25.76 490	25.69 868
1/4	25.95 717	25.88 997	25.82 311	25.75 660	25.69 043
3/8	25.94 875	25.88 159	25.81 478	25.74 831	25.68 218
1/2	25.94 034	25.87 322	25.80 645	25.74 003	25.67 394
5/8	25.93 193	25.86 486	25.79 813	25.73 175	25.66 570
3/4	25.92 353	25.85 650	25.78 981	25.72 347	25.65 747
7/8	25.91 513	25.84 814	25.78 150	25.71 520	25.64 925

@	390	391	392	393	394
—	25.64 103	25.57 545	25.51 020	25.44 529	25.38 071
1/8	25.63 281	25.56 727	25.50 237	25.43 720	25.37 266
1/4	25.62 460	25.55 911	25.49 395	25.42 912	25.36 462
3/8	25.61 639	25.55 094	25.48 583	25.42 104	25.35 658
1/2	25.60 819	25.54 278	25.47 771	25.41 296	25.34 854
5/8	25.60 000	25.53 463	25.46 960	25.40 489	25.34 051
3/4	25.59 181	25.52 648	25.46 149	25.39 683	25.33 249
7/8	25.58 363	25.51 834	25.45 339	25.38 877	25.32 447

@	395	396	397	398	399
—	25.31 646	25.25 253	25.18 892	25.12 563	25.06 266
1/8	25.30 845	25.24 456	25.18 099	25.11 774	25.05 481
1/4	25.30 044	25.23 659	25.17 306	25.10 986	25.04 696
3/8	25.29 244	25.22 863	23.16 515	25.10 198	25.03 912
1/2	25.28 445	25.22 068	25.15 723	25.09 410	25.03 129
5/8	25.27 646	25.21 273	25.14 932	25.08 623	25.02 346
3/4	25.26 848	25.20 479	25.14 142	25.07 837	25.01 563
7/8	25.26 050	25.19 685	25.13 352	25.07 051	25.00 781

附錄五：申匯折合港幣檢查表

@	400	401	402	403	404
—	25.00 000	24.93 766	24.87 562	24.81 390	24.75 248
1/8	24.99 219	24.92 988	21.86 789	24.80 620	24.74 482
1/4	24.98 433	24.92 212	24.86 016	24.79 851	24.73 717
3/8	24.97 653	24.91 436	24.85 244	24.79 083	24.72 952
1/2	24.96 879	24.90 669	24.84 472	24.78 315	24.72 188
5/8	24.96 100	24.89 885	24.83 701	24.77 547	24.71 424
3/4	24.95 321	24.89 110	24.82 930	24.76 780	24.70 661
7/8	24.94 543	24.88 336	24.82 159	24.76 014	24.69 898

@	405	406	407	408	409
—	24.69 135	24.63 054	24.57 002	24.50 980	24.44 988
1/8	24.68 374	24.62 296	24.56 248	24.50 230	24.44 241
1/4	24.67 613	24.61 538	24.55 494	24.49 479	24.43 494
3/8	24.66 852	24.60 781	24.54 741	24.48 730	24.42 748
1/2	24.66 091	24.60 025	24.53 988	24.47 980	24.42 002
5/8	24.65 331	24.59 268	24.53 735	24.47 232	24.41 257
3/4	24.64 572	24.58 513	24.52 483	24.46 483	24.40 513
7/8	24.63 813	24.57 757	24.51 732	24.45 735	24.39 768

@	410	411	412	413	414
—	24.39 024	24.33 090	24.27 184	24.21 3 8	24.15 459
1/8	24.38 281	24.32 3 0	24.26 448	24.20 575	24.14 730
1/4	24.37 538	24.31 611	24.25 713	24.19 843	24.14 001
3/8	24.36 796	24.30 872	24.24 977	24.19 111	24.13 273
1/2	24.36 054	24.30 134	24.24 242	24.18 380	24.12 545
5/8	24.35 312	24.29 96	24.23 508	24.17 649	24.11 818
3/4	24.34 571	24.28 658	24.22 774	24.16 918	24.11 091
7/8	24.33 830	24.27 921	21.22 041	24.16 188	24.10 365

@	415	416	417	418	419
—	24.09 639	24.03 846	23.98 082	23.92 344	23.86 635
1/8	24.08 913	24.03 124	23.97 363	23.91 629	23.85 923
1/4	24.08 188	24.02 402	23.96 645	23.90 915	23.85 212
3/8	24.07 463	24.01 681	23.95 927	23.90 200	23.84 501
1/2	24.06 739	24.00 960	23.95 210	23.89 486	23.83 790
5/8	24.06 015	24.00 240	23.94 493	23.88 773	23.83 080
3/4	24.05 292	23.99 520	23.93 776	23.88 060	23.82 370
7/8	24.04 569	23.98 801	23.93 060	23.87 347	23.81 661

@	420		421		422		423		424	
—	23.80	952	23.75	297	23.69	668	23.64	066	23.58	491
1/8	23.80	244	23.74	592	23.68	967	23.63	368	23.57	795
1/4	23.79	536	23.73	887	23.68	265	23.62	670	23.57	101
3/8	23.78	828	23.73	183	23.67	564	23.61	972	23.56	406
1/2	23.78	121	23.72	479	23.66	864	23.61	275	23.55	713
5/8	23.77	415	23.71	776	23.66	164	23.60	578	23.55	019
3/4	23.76	708	23.71	073	23.65	464	23.59	882	23.54	326
7/8	23.76	002	23.70	370	23.64	765	23.59	186	23.53	633

@	425		426		427		428		429	
—	23.52	941	23.47	418	23.41	920	23.36	449	23.31	002
1/8	23.52	249	23.46	729	23.41	235	23.35	766	23.30	323
1/4	23.51	558	23.46	041	23.40	550	23.35	085	23.29	645
3/8	23.51	867	23.45	353	23.39	865	23.34	4[illegible]3	23.23	967
1/2	23.50	176	23.44	666	23.39	181	23.33	722	23.28	289
5/8	23.49	486	23.43	979	23.38	498	23.33	042	23.27	611
3/4	23.48	796	23.43	292	23.37	814	23.32	362	23.26	934
7/8	23.48	107	23.42	606	23.37	131	23.31	682	23.26	258

@	430		431		432		433		434	
—	23.25	581	23.20	186	23.14	815	23.09	469	23.04	147
1/8	23.24	906	23.19	513	23.14	145	23.08	802	23.03	484
1/4	23.24	230	23.18	841	23.13	476	23.08	136	23.02	821
3/8	23.23	555	23.18	169	23.12	807	23.07	470	23.02	158
1/2	23.22	880	23.17	497	23.12	139	23.06	805	23.01	496
5/8	23.22	206	23.16	826	23.11	471	23.06	140	23.00	834
3/4	23.21	532	23.16	155	23.10	803	23.05	476	23.00	173
7/8	23.20	859	23.15	485	23.10	136	23.04	811	22.99	511

@	435		436		437		438		439	
—	22.93	851	22.93	578	22.88	330	22.83	105	22.77	904
1/8	22.98	190	22.92	921	22.87	675	22.82	454	22.77	256
1/4	22.97	530	22.92	264	22.87	021	22.81	803	22.76	608
3/8	22.96	871	22.91	607	22.86	368	22.81	152	22.75	960
1/2	22.96	211	22.90	951	22.85	714	22.80	502	22.75	313
5/8	22.95	552	22.90	295	22.85	061	22.79	852	22.74	666
3/4	22.94	894	22.89	639	22.84	409	22.79	202	22.74	019
7/8	22.94	236	22.88	984	22.83	757	22.78	553	22.73	313

附錄五：申匯折合港幣檢查表

@	440		441		442		443		444	
—	22.72	727	22.67	574	22.62	443	22.57	336	22.52	252
⅛	22.72	082	22.66	931	22.61	804	22.56	700	22.51	618
¼	22.71	437	22.66	289	22.61	164	22.56	063	22.50	985
⅜	22.70	792	22.65	647	22.60	526	22.55	427	22.50	352
½	22.70	148	22.65	006	22.59	887	22.54	791	22.49	719
⅝	22.69	504	22.64	365	22.59	249	22.54	156	22.49	086
¾	22.68	860	22.63	724	22.58	611	22.53	521	22.48	454
⅞	22.68	217	22.63	083	22.57	973	22.52	887	22.47	822

@	445		446		447		448		449	
—	22.47	191	22.42	152	22.37	136	22.32	143	22.27	171
⅛	22.46	560	22.41	524	22.36	511	22.31	520	22.26	552
¼	22.45	929	22.40	896	22.35	886	22.30	898	22.25	932
⅜	22.45	299	22.40	269	22.35	261	22.30	276	22.25	313
½	22.44	669	22.39	642	22.34	637	22.29	654	22.24	694
⅝	22.44	039	22.39	015	22.34	013	22.29	033	22.24	076
¾	22.43	410	22.38	388	22.33	389	22.28	412	22.23	457
⅞	22.42	781	22.37	762	22.32	766	22.27	792	22.22	840

@	450		451		452		453		454	
—	22.22	222	22.17	295	22.12	389	22.07	506	22.02	643
⅛	22.21	605	22.16	681	22.11	778	22.06	897	22.02	037
¼	22.20	988	22.16	066	22.11	.66	22.06	288	22.01	431
⅜	22.20	372	22.15	453	22.10	555	22.05	680	22.00	825
½	22.19	756	22.14	839	22.09	945	22.05	072	22.00	220
⅝	22.19	140	22.14	226	22.09	334	22.04	464	21.99	615
¾	22.18	525	22.13	614	22.08	724	22.03	857	21.99	010
⅞	22.17	910	22.13	001	22.08	115	22.03	250	21.98	406

@	455		456		457		458		459	
—	21.97	802	21.92	982	21.88	184	21.83	406	21.78	649
⅛	21.97	199	21.92	381	21.87	585	21.82	810	21.78	056
¼	21.96	595	21.91	781	21.86	987	21.82	215	21.77	463
⅜	21.95	992	21.91	180	21.86	390	21.81	620	21.76	871
½	21.95	390	21.90	581	21.85	792	21.81	025	21.76	279
⅝	21.94	787	21.89	981	21.85	195	21.80	431	21.75	687
¾	21.94	185	21.89	381	21.84	599	21.79	837	21.75	095
⅞	21.93	584	21.88	782	21.84	002	21.79	243	21.74	504

@	460	461	462	463	464
—	21,73 913	21,69 197	21,64 502	21,59 827	21,55 172
1/8	21,73 322	21,68 609	21,63 917	21,59 244	21,54 592
1/4	21,72 732	21,68 022	21,63 332	21,58 662	21,54 012
3/8	21,72 142	21,67 434	21,62 747	21,58 079	21,53 432
1/2	21,71 553	21,66 847	21,62 162	21,57 497	21,52 853
5/8	21,70 963	21,66 2[illegible]0	21,61 578	21,56 916	21,52 273
3/4	21,70 374	21,65 674	21,60 991	21,55 334	21,51 694
7/8	21,69 786	21,65 088	21,60 410	21,55 753	21,51 116

@	465	466	467	468	469
—	21,50 538	21,45 923	21,41 328	21,36 752	21,32 196
1/8	21,49 960	21,45 347	21,40 755	21,36 182	21,31 628
1/4	21,49 [illegible]82	21,44 772	21,40 182	21,35 611	21,31 060
3/8	21,48 805	21,44 197	21,39 610	21,35 041	21,30 493
1/2	21,48 228	21,43 623	21,39 037	21,34 472	21,29 925
5/8	21,47 651	21,43 048	21,38 466	21,33 902	21,29 359
3/4	21,47 075	21,42 475	21,37 894	21,33 333	21,28 792
7/8	21,46 499	21,41 901	21,37 323	21,32 765	21,28 226

@	470	471	472	473	474
—	21,27 660	21,23 142	21,18 644	21,14 165	21,09 705
1/8	21,27 094	21,22 579	31,18 083	21,13 606	21,09 148
1/4	21,26 528	21,22 016	21,17 522	21,13 048	21,08 593
3/8	21,25 963	21,21 453	21,16 962	21,12 490	1,08 037
1/2	21,25 399	21,20 891	21,16 402	21,11 932	21,07 482
5/8	21,24 834	21,20 329	21,15 842	21,11 375	21,06 927
3/4	21,24 270	21,19 767	21,15 283	21,10 818	21,06 372
7/8	21,23 706	1,19 205	21,14 724	21,10 261	21,05 817

@	475	476	477	478	479
—	21,05 2[illegible]3	21,00 840	20,96 436	20,92 050	20,87 683
1/8	21,04 709	21,00 [illegible]89	20,95 887	20,91 503	20,87 138
1/4	21,04 156	20,99 738	20,95 338	20,90 957	20,86 594
3/8	21,03 602	20,99 187	20,94 789	20,90 410	20,86 050
1/2	21,03 049	20,98 636	20,94 241	20,89 864	20,85 506
5/8	21,02 497	20,98 085	20,93 693	20,89 318	20,84 962
3/4	21,01 944	20,97 535	20,93 145	20,88 773	20,84 419
7/8	21,01 392	20,96 985	20,92 597	20,88 228	20,83 876

附錄六

便士及司令合一英鎊之小數檢查表

PENCE & SHILLINGS
IN DECIMALS OF £1 STERLING

便士 PENCE		一英鎊之小數 DECIMAL £
1	=	0.00417
2	=	0.0083
3	=	0.0125
4	=	0.01667
5.	=	0.02083
6	=	0.0250
7	=	0.02917
8	=	0.03334
9	=	0.0375
10	=	0.04167
11	=	0.04583
12	=	0.0500

司令 SHILLINGS		一英鎊之小數 DECIMAL £
1	=	0.0500
2	=	0.1000
3	=	0.1500
4	=	0.2000
5	=	0.2500
6	=	0.3000
7	=	0.3500
8	=	0.4000
9	=	0.4500
10	=	0.5000
11	=	0.5500
12	=	0.6000
13	=	0.6500
14	=	0.7000
15	=	0.7500
16	=	0.8000
17	=	0.8500
18	=	0.9000
19	=	0.9500
20	=	1.0000

附錄七

分數合小數檢查表

DECIMAL EQUIVALENTS OF FRACTIONS

1/64 = .015625	33/64 = .515625
1/32 = .03125	17/32 = .53125
3/64 = .046875	35/64 = .546875
1/16 = .0625	9/16 = .5625
5/64 = .078125	37/64 = .578125
3/32 = .09375	19/32 = .59375
7/64 = .109375	39/64 = .609375
1/8 = .125	5/8 = .625
9/64 = .140625	41/64 = .640625
5/32 = .15625	21/32 = .65625
11/64 = .171875	43/64 = .671875
3/16 = .1875	11/16 = .6875
13/64 = .203125	45/64 = .703125
7/32 = .21875	23/32 = .71875
15/64 = .234375	47/64 = .734375
1/4 = .25	3/4 = .75
17/64 = .265625	49/64 = .765625
9/32 = .28125	25/32 = .78125
19/64 = .296875	51/64 = .796875
5/16 = .3125	13/15 = .8125
21/64 = .328125	53/64 = .828125
11/32 = .34375	27/32 = .84375
23/64 = .359375	55/64 = .859375
3/8 = .375	7/8 = .875
25/6 = .390625	57/64 = .890625
13/32 = .40625	29/32 = .90625
27/64 = .421875	59/64 = .921875
7/16 = .4375	15/16 = .9375
29/64 = .453125	61/64 = .953125
15/32 = .46875	31/32 = .96875
31/64 = .484375	63/64 = .984375
1/2 = .5	1 = 1.000000

書名：香港金融（一九四零）
系列：心一堂　香港・澳門雙城成長系列
原著：姚啟勳
主編・責任編輯：陳劍聰

出版：心一堂有限公司
通訊地址：香港九龍旺角彌敦道六一〇號荷李活商業中心十八樓〇五一〇六室
深港讀者服務中心：中國深圳市羅湖區立新路六號羅湖商業大厦負一層〇〇八室
電話號碼：(852) 67150840
網址：publish.sunyata.cc
淘宝店地址：https://shop210782774.taobao.com
微店地址：　https://weidian.com/s/1212826297
臉書：　　　https://www.facebook.com/sunyatabook
讀者論壇：　http://bbs.sunyata.cc

香港發行：香港聯合書刊物流有限公司
地址：香港新界大埔汀麗路36號中華商務印刷大廈3樓
電話號碼：(852) 2150-2100
傳真號碼：(852) 2407-3062
電郵：info@suplogistics.com.hk

台灣發行：秀威資訊科技股份有限公司
地址：台灣台北市內湖區瑞光路七十六巷六十五號一樓
電話號碼：+886-2-2796-3638
傳真號碼：+886-2-2796-1377
網絡書店：www.bodbooks.com.tw
心一堂台灣國家書店讀者服務中心：
地址：台灣台北市中山區松江路二〇九號1樓
電話號碼：+886-2-2518-0207
傳真號碼：+886-2-2518-0778
網址：http://www.govbooks.com.tw

中國大陸發行　零售：深圳心一堂文化傳播有限公司
深圳地址：深圳市羅湖區立新路六號羅湖商業大厦負一層008室
電話號碼：(86)0755-82224934

版次：二零一九年二月初版，平裝

定價：港幣　　一百三十八元正
　　　新台幣　六百三十八元正

國際書號 ISBN 978-988-8582-35-8